Amit Dodiya

Síntese e avaliação polimórfica da Eluxadolina

Amit Dodiya

Síntese e avaliação polimórfica da Eluxadolina

ScienciaScripts

Imprint

Cover image: www.ingimage.com

This book is a translation from the original published under ISBN 978-620-2-19833-2.

Publisher:
Sciencia Scripts
is a trademark of
Dodo Books Indian Ocean Ltd. and OmniScriptum S.R.L publishing group

120 High Road, East Finchley, London, N2 9ED, United Kingdom
Str. Armeneasca 28/1, office 1, Chisinau MD-2012, Republic of Moldova, Europe
Printed at: see last page
ISBN: 978-620-8-04950-8

Índice:

PREFÁCIO 2
AVISO AO LEITOR 3
SOBRE O AUTOR 4
Introdução da Eluxadolina: 5
Relatório preliminar de avaliação da patente de Eluxadoline: 6
Conclusão: 144
Agradecimentos : 145
Referências: 146

PREFÁCIO

A eluxadolina tem uma atividade mista de receptores opióides, é um agonista do recetor μ, um antagonista do recetor δ e um agonista do recetor κ. É indicado para o tratamento de adultos que sofrem de síndrome do intestino irritável com diarreia (IBS-D). A eluxadolina é um agonista dos receptores opióides μ e um antagonista dos receptores opióides δ de ação local, de primeira classe, para o tratamento dos sintomas da síndrome do intestino irritável com predominância de diarreia (SII-D), uma doença que afecta aproximadamente 28 milhões de doentes nos Estados Unidos e na Europa. Em geral, a preparação da Eluxadolina é conhecida na arte. No entanto, sabe-se também que diferentes formas cristalinas do mesmo fármaco podem apresentar diferenças substanciais em determinadas propriedades farmaceuticamente importantes. Existe uma necessidade constante de novas formas sólidas de eluxadolina e de novos métodos de preparação.

Assim, o objetivo do presente livro é fornecer um resumo sucinto da síntese e dos polimorfos disponíveis da Eluxadolina com os seus métodos de preparação e muitos mais. O autor tentou resumir todos os pormenores de síntese e polimorfismo disponíveis na literatura de patentes e revistas.

AVISO AO LEITOR

A editora tomou as devidas precauções na preparação deste livro, mas não dá qualquer garantia expressa ou implícita de qualquer tipo e não assume qualquer responsabilidade por quaisquer erros ou omissões. Não se assume qualquer responsabilidade por danos acidentais ou consequenciais relacionados com ou resultantes das informações contidas neste livro. A editora não se responsabiliza por quaisquer danos especiais, consequentes ou exemplares resultantes, no todo ou em parte, da utilização ou da confiança do leitor neste material. Quaisquer partes deste livro baseadas em relatórios governamentais são indicadas como tal e os direitos de autor são reivindicados para essas partes na medida aplicável às compilações de tais trabalhos.

Deve procurar-se uma verificação independente de quaisquer dados, conselhos ou recomendações contidos neste livro. Além disso, o editor não assume qualquer responsabilidade por quaisquer ferimentos e/ou danos pessoais ou materiais resultantes de quaisquer métodos, produtos, instruções, ideias ou outros contidos nesta publicação.

Esta publicação foi concebida para fornecer informações exactas e fidedignas relativamente ao assunto nela abordado. É vendida com o claro entendimento de que a editora não está envolvida na prestação de serviços jurídicos ou quaisquer outros serviços profissionais.

Em suma, o presente documento não tem qualquer impacto jurídico. Contém apenas as informações que estão disponíveis no domínio público"

SOBRE O AUTOR

O Dr. Amit Dodiya obteve o seu doutoramento em química orgânica na Universidade de Bhavnagar, Gujarat, Índia, no ano de 2011. Atualmente, trabalha como chefe do departamento de direitos de propriedade intelectual numa das empresas farmacêuticas de renome sediada em Gujarat, na Índia. Para além disso, dá palestras como professor convidado em muitas faculdades e institutos. Publicou muitos artigos de investigação, livros, capítulos de livros e artigos de revisão em revistas/grupos de renome nacional e internacional. Tem também várias patentes em seu nome. Também participou e apresentou os seus trabalhos de investigação em várias conferências nacionais e internacionais no domínio da química.

Introdução de Eluxadoline:

A síndrome do intestino irritável (SII) é um diagnóstico comum nos consultórios de gastroenterologia e um dos mais frequentes nos cuidados primários.[1] A síndrome do intestino irritável com diarreia (SII-D), um dos principais subtipos da SII, é uma perturbação gastrointestinal (GI) crónica caracterizada por dor abdominal recorrente, inchaço e fezes moles/frequentes na ausência de anomalias estruturais, inflamatórias ou bioquímicas. A SII-D tem um impacto considerável na qualidade de vida dos doentes e está associada a um encargo considerável para os sistemas de saúde.[2,3]

Recentemente, a Eluxadolina (Viberzi, Allergan, Parsippany, NJ) foi aprovada pela Food and Drug Administration (FDA) para pacientes adultos com SII-D. Nos ensaios de Fase 3, a Eluxadolina foi bem tolerada e cumpriu o objetivo primário de alcançar uma melhoria simultânea tanto na dor abdominal como na consistência das fezes em ≥50% dos dias.4 A Eluxadolina também demonstrou melhorias estatisticamente significativas noutros sintomas relacionados com a SII, incluindo a frequência e a urgência das fezes.[4]

A eluxadolina foi aprovada pela Food and Drug Administration (FDA) dos EUA em 27 de maio de 2015. Foi desenvolvido pela Janssen Cilag e pela Furiex pharma (adquirida pela Actavis), sendo depois comercializado como Viberzi® pela Actavis nos EUA.

A eluxadolina tem uma atividade mista de receptores opióides, é um agonista do recetor μ, um antagonista do recetor δ e um agonista do recetor κ. É indicado para o tratamento de adultos que sofrem de síndrome do intestino irritável com diarreia (IBS-D). A eluxadolina é um agonista dos receptores opióides μ de ação local e um antagonista dos receptores opióides δ de primeira classe para o tratamento dos sintomas da síndrome do intestino irritável com predominância de diarreia (SII-D), uma doença que afecta aproximadamente 28 milhões de doentes nos Estados Unidos e na Europa. Viberzi® está disponível sob a forma de comprimidos para uso oral, contendo 75 ou 100 mg de Eluxadolina livre. A dose recomendada é de 100 mg por via oral, duas vezes por dia, com alimentos, em adultos.[5,-8] A sua categoria terapêutica é a síndrome do intestino irritável com diarreia (SII-D)

Relatório preliminar de avaliação da patente da Eluxadoline:

Nome do produto		**Eluxadolina**
Nome IUPAC		Ácido 5-(((S)-2-amino-3-(4-carbamoil-2,6-dimetil-fenil)-N-((S)- 1 -(5-fenil-1 H-imidazol-2-il)-etil)propanamido)metil)-2-metoxibenzóico
Estrutura		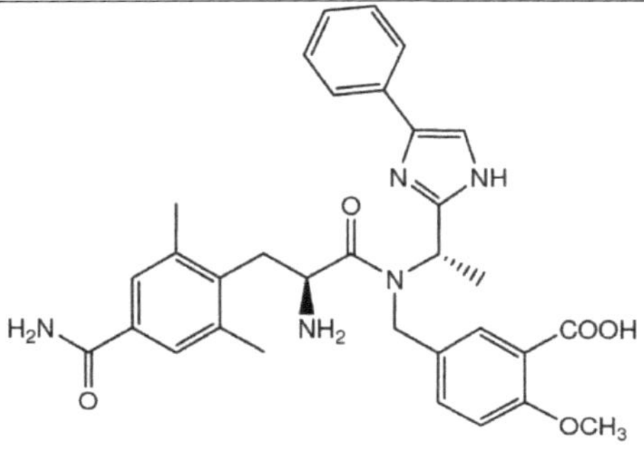
Número CAS	:	864821-90-9
Peso molecular	:	569,662 gm/mol
Ponto de ebulição	:	834,2±65,0 °C a 760 mmHg
Ponto de fusão	:	NA
Fórmula molecular	:	C32H35N5O5
LogP	:	4.35
Categoria terapêutica	:	Tratamento do Síndroma do Cólon Irritável com Diarreia (SII-D)
Inovador/Candidato	:	O medicamento é originário da Janssen Pharmaceutica e foi desenvolvido pela Actavis.
Nome da marca (EUA)	:	Viberzi
Nome da marca (Europa)	:	Truberzi
Ingrediente inativo (EUA)	:	Celulose microcristalina (UNII: OP1R32D61U); Dióxido de silício (UNII: ETJ7Z6XBU4); Crospovidona (UNII: 68401960MK); Manitol (UNII: 3OWL53L36A); Estearato de magnésio (UNII: 70097M6I30); Álcool polivinílico (UNII: 532B59J990); Dióxido de titânio (UNII: 15FIX9V2JP); Polietilenoglicóis (UNII: 3WJQ0SDW1A); Talco (UNII: 7SEV7J4R1U); Óxido férrico amarelo (UNII: EX438O2MRT); Óxido férrico vermelho (UNII:

	1K09F3G675).		
Lista de excipientes (EP)	Núcleo do comprimido: celulose microcristalina silicificada (E460); sílica coloidal anidra (E551); crospovidona, tipo B (E1202); manitol (E421) e estearato de magnésio (E572). Revestimento por película: álcool polivinílico (E1203); dióxido de titânio (E171); macrogol 3350 (E1521); talco (E553b); óxido de ferro amarelo (E172) e óxido de ferro vermelho (E172).		
Nº e data da 1ª Autorização de Introdução no Mercado na Europa	-		
Detalhes do Livro Laranja	Ingrediente ativo	Eluxadolina	
	Nome próprio	Viberzi	
	Forma de dosagem	Comprimido; Oral	
	Força	75 MG	100 MG
	RLD	Sim	Sim
	RS	Não	Sim
	Número do pedido:	N206940	
	Data de aprovação	27th maio, 2015	
	Requerente Titular	Allergan Holdings Unltd Co	
	Estado de comercialização	Prescrição	
Livro laranja listado Patentes (11 Patentes estão listadas em OB)[9]	US 7741356 (Est. Expiração: 25-Mar-2028)	A patente US'356 cobre genericamente e especificamente a Eluxadolina como um composto na parte da reivindicação.	
	US 7786158 (Est. Expiração: 14-Mar-2025)	As reivindicações da patente US'158 estão relacionadas com compostos e derivados semelhantes da Eluxadolina.	
	US 8344011 (Est. Expiração: 14-Mar-2025)	As reivindicações da patente US'011 estão relacionadas com o método de tratamento.	
	US 8609709 (Est. Expiração: 14-Mar-2025)	As reivindicações da patente US'709 abrangem especificamente o composto Eluxadoline e os seus sais	

		farmaceuticamente aceitáveis.
	US 8691860 (Est. Expiração: 7-julho-2028)	As reivindicações da patente US'860 estão relacionadas com a forma α do cristal de Eluxadoline e o seu método de tratamento.
	US 8772325 (Est. Expiração: 14-Mar-2025)	As reivindicações da patente US'325 estão relacionadas com o método de tratamento.
	US 9115091 (Est. Expiração: 7-julho-2028)	As reivindicações da patente US'091 estão relacionadas com a composição farmacêutica que inclui um cristal de forma α de Eluxadoline.
	US 9205076 (Est. Expiração: 14-Mar-2025)	As reivindicações da patente US'076 estão relacionadas com o método para tratar ou melhorar a diarreia ou a dor visceral.
	US 9364489 (Est. Expiração:7-julho-2028)	As reivindicações da patente US'489 estão relacionadas com um método de tratamento de um mamífero que sofre de síndroma do intestino irritável.
	US 9675587 (Est. Expiração: 14-Mar-2033)	As reivindicações da patente US'587 estão relacionadas com a composição farmacêutica.
	US 9700542 (Est. Expiração: 14-Mar-2025)	As reivindicações da patente US'542 estão relacionadas com a formulação de dosagens farmacêuticas.
Exclusividade (EUA)	NCE: 27th maio de 2020	
SPC (Europa)	SPC: 14th Mar, 2030	
Detalhes da patente do produto	EUA	A patente US7741356 cobre genericamente e especificamente a Eluxadoline como um composto na parte da reivindicação. É uma patente listada no livro laranja com Est. Expiração em 25th Mar, 2028.
	Europa	A patente EP1725537 é equivalente à patente US'356 e as suas reivindicações abrangem genericamente a

			Eluxadoline. A sua expiração está prevista para 14 de março de 2025, enquanto a SPC expira em 14 de março de 2030.
		IN	O pedido de patente IN4156/KOLNP/2012 é equivalente à patente US'356 e afirma que abrange genericamente a Eluxadolina. A patente IN'4156 está a ser examinada pelo IPO.
Observações		-	

Os breves pormenores da(s) patente(s)/pedido(s) relevante(s) disponível(eis) para o processo de preparação de Eluxadoline ou dos seus sais e polimorfos são mencionados abaixo:

1_WO2005090315 (a seguir designado por WO'315)[ ][10]			
Título	:	Novos compostos como moduladores dos receptores opióides	
Requerente	:	Janssen Pharmaceutica, N. V.	
Data de apresentação	:	14-Mar-2005	
Dados prioritários		N.º de prioridade	Data de prioridade
		PCT/US2005/008339	14-Mar-2004
Estatuto jurídico		Patente concedida (estatuto para Ei Data de expiração estimada: 14-M Data de expiração do SPC: 14-Mar-2	P1725537) Iar-2025; 030
Equivalentes		AR048269 (A1) AR095848 (A2) AT516274 (T) AU2005224091 (A1) AU2005224091 (B2) BRPI0508820 (A) CA2560047 (A1) CA2560047 (C) CN102786476 (A) CN102786476 (B) CN1950342 (A) CN1950342 (B) CR8655 (A) CY1111927 (T1) CY1118096 (T1) DK1725537 (T3) DK2298744 (T3) DK2573068 (T3) DK2653465 (T3) ECSP066856 (A) EP1725537 (A1) EP1725537 (B1) EP2298744 (A2) EP2298744 (A3) EP2298744 (B1) EP2573068 (A1) EP2573068 (B1) EP2573068 (B9) EP2573068 (B9) EP2653465 (A1) EP2653465 (B1) EP3112352 (A1) ES2367576 (T3) ES2428008 (T3) ES2533176 (T3) ES2596434 (T3) HK1099016 (A1) HK1105967 (A1)	

		HK1155726 (A1) HK1184432 (A1) HRP20110694 (T1) HRP20130800 (T1) HRP20150305 (T1) HRP20161331 (T1) HUE029852 (T2) HUS1700010 (I1) IN4156/KOLNP/2012 (A) IL178040 (A) IL224908 (A)
		JP2007529527 (A) JP4778954 (B2) KR101166342 (B1) KR20060131983 (A) LT2653465 (T) LTPA2017005 (I1) MXPA06010642 (A) MY146972 (A) NO20064660 (A) NO20160916 (A1) NO2017007 (I1) NO338203 (B1) NZ549842 (A) PH12012501640 (A1) PL2653465 (T3) PT1725537 (E) PT2298744 (E) PT2573068 (E) PT2653465 (T) RS51995 (B) RS52933 (B) RS54199 (B1) RS55122 (B1) SI1725537 (T1) SI2298744 (T1) SI2573068 (T1) SI2653465 (T1) TW200539876 (A) TWI361069 (B) UA86053 (C2) US2005203143 (A1) US2008096888 (A1) US2010324051 (A1) US2013090478 (A1) US2014039024 (A1) US2014256779 (A1) US2016030393 (A1) US7741356 (B2) US7786158 (B2) US8344011 (B2) US8609709 (B2) US8772325 (B2) US9205076 (B2) US9700542 (B2) ZA200608587 (B)
Observações		

WO2005090315 Pedido PCT atribuído à Janssen Pharmaceutica, N. V. e o seu estado atual é Patente Concedida (Estado para EP1725537); Data de expiração estimada: 14-Mar-2025 e Data de expiração SPC: 14-Mar-2030.

A invenção WO'315 PCT está relacionada com novos moduladores dos receptores opióides, que incluem a Eluxadolina genericamente como um composto e também composições farmacêuticas que os contêm, e a sua utilização no tratamento de perturbações que podem ser melhoradas ou tratadas pela modulação dos receptores opióides.

A invenção do WO'315 refere-se principalmente a compostos que abrangem o composto da fórmula I de forma genérica, o que inclui a Eluxadolina.

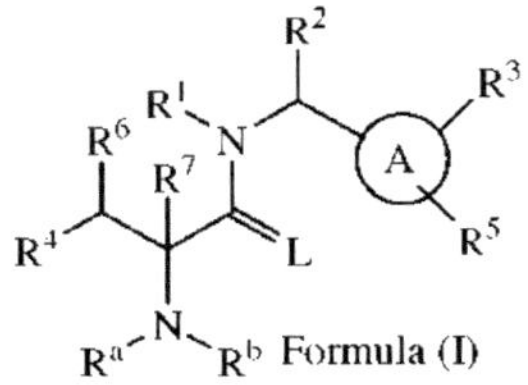

Formula (I)

R^1 é selecionado do grupo constituído por hidrogénio, alquilo C_{1-6} , cicloalquilo, heterociclo, arilo(C_{1-6})alquilo e heteroarilo(C_{1-6})alquilo; se R^1 for fenilo(C_{1-6})alquilo, o fenilo está opcionalmente ligado a um heterociclo ou cicloalquilo; em que quando R^1 é C_{1-2} alquilo, o referido C_{1-2} alquilo é opcionalmente substituído por um a dois substituintes selecionados independentemente do grupo constituído por C_{1-2} alcoxi, arilo, cicloalquilo, heterociclo, hidroxi, ciano, amino, C_{1-6} alquilamino, (C_{1-6} alquilo)$_2$ amino, trifluorometilo e carboxi; e ainda, em que quando R^1 é C_{3-6} alquilo, o referido C_3 $_{-6}$alquilo é opcionalmente substituído por um a três substituintes selecionados independentemente do grupo constituído por C_{1-6} alcoxi, aril, cicloalquilo, heterociclo, hidroxi, ciano, amino, C $_{-16}$ alquilamino, (C $_{-16}$ alquilo)$_2$ amino, trifluorometilo e carboxi; em que o cicloalquilo e o heterociclo de C_{1-2} alquilo e C $_{-36}$ alquilo são opcionalmente substituídos por um a dois substituintes selecionados independentemente do grupo constituído por C_{1-6} alquilo, hidroxi(C_{1-6})alquilo, C_{1-6} alcoxi, hidroxi, ciano, amino, C_{1-6} alquilamino, (C_{1-6} alquilo)$_2$ amino, trifluorometilo, carboxi, aril(C_{1-6})alcoxicarbonilo, C_{1-6} alcoxicarbonilo, aminocarbonilo, C_{1-6} alquilaminocarbonilo, (C_{1-6} alquilo) aminocarbonilo e aminossulfonilo; além disso, em que o cicloalquilo e o heterociclo de R^1 são opcionalmente substituídos por um a dois substituintes selecionados independentemente do grupo constituído por C_{1-6} alquilo, hidroxi(C_{1-6})alquilo, C_{1-6} alcoxi, hidroxi, ciano, amino, C_{1-6} alquilamino, (C_{1-6} alquil)$_2$ amino, trifluorometilo, carboxi, aril(C_{1-6})alcoxicarbonilo, C_{1-6} alcoxicarbonilo, aminocarbonilo, C_{1-6} alquilaminocarbonilo, (C_{1-6} alquilo)$_2$ aminocarbonilo e aminossulfonilo; além disso, em que a parte aril e heteroaril dos substituintes R^1 aril(c_{1-6})alquilo e heteroaril(C_{1-6})alquilo são substituídos facultativamente por um a três substituintes R^{11} selecionados independentemente do grupo constituído por C_{1-6} alquilo hidroxi(c_{1-6})alquilo; C_i ^alcoxi; C_6 -ıoaril(c_{1-6})alquilo; C_6 -ıoaril(c_{1-6})alcoxi; C_6 -ıoaril; heteroaril opcionalmente substituído com um a dois substituintes selecionados independentemente do grupo constituído por C_{1-4} alquilo, C_{1-4} alcoxi, e carboxi; cicloalquilo; heterocicloilo; Cβ-ioariloxi; heteroariloxi cicloalquiloxi; heterocicloxi; amino; C_{1-6} alquilamino; (C_{1-6} alquilo)$_2$ amino; C_{3-6} cicloalquilaminocarbonilo; hidroxi(C_{1-6})alquilaminocarbonilo; C_{6-10} arilaminocarbonilo em que o C_{6-10} arilo é opcionalmente substituído por carboxi ou C_{1-6} alcoxicarbonilo; heterociclocarbonilo; carboxi; C_{1-6} alquilcarboniloxi; C_{1-6} alcoxicarbonilo; C_{1-6} alquilcarbonilo; C_{1-6} alquilcarbonilamino; aminocarbonilo; C_{1-6} alquilaminocarbonilo; (C_{1-6} alquilo)$_2$ aminocarbonilo; ciano; halogéneo; trifluorometilo; trifluorometoxi; e hidroxi; desde que não mais de um substituinte R^{11} seja selecionado do grupo constituído por C_{6-10} aril(C_{1-6})alquilo; C_{6-10} aril(C_{1-6})alcoxi; C_{6-10} aril; heteroarilo opcionalmente substituído com um a dois substituintes selecionados independentemente do grupo constituído por C_{1-4} alquilo, C_{1-4} alcoxi e carboxi; cicloalquilo; heterociclo; C_{6-10} ariloxi; heteroariloxi; cicloalquiloxi; C_{6-10} arilaminocarbonilo, heterociclocarbonilo e heterocicloxi; R^2 é hidrogénio, $C_{1.8}$alquilo, hidroxi(C_{1-6})alquilo, C_6 -ιoarilo(C_{1-6})alcoxi(C_{1-6})alquilo, ou C_{6-10} arilo(C_{1-6})alquilo; em que o grupo C_{6-10} arilo nos substituintes de R^2 que contêm C_{6-10} arilo é opcionalmente substituído por um a dois substituintes selecionados independentemente do grupo constituído por C_{1-6} alquilo, C_{1-6} alcoxi, hidroxi, amino, $C_{1.6}$alquilamino, (C_{1-6} alquilo)$_2$ amino, aminocarbonilo, C_{1-6} alquilaminocarbonilo, (C_{1-6} alquilo)$_2$ aminocarbonilo, ciano, flúor, cloro, bromo, trifluorometilo e trifluorometoxi; e, em que os substituintes C_{1-6} alquilo e C_{1-6} alcoxi do aril são opcionalmente substituídos por hidroxi, amino, C_{1-6} alquilamino, (C_{1-6} alquilo)$_2$ amino, ou C_{1-6} aril;

A é selecionado do grupo constituído por aril, sistema de anéis a-1, a-2, a-3 e a-4, opcionalmente substituído por R^3 e R^5 ;

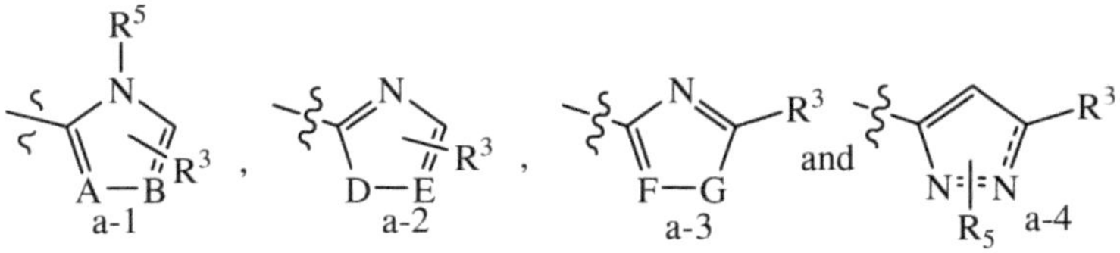

a-1 , a-2 , a-3 and a-4

em que A-B é selecionado do grupo constituído por N-C, C-N, N-N e C-C; D-E é selecionado do grupo constituído por O-C, S-C e O-N; F-G é selecionado do grupo constituído por N-0 e C-O;

R³ é um a dois substituintes selecionados independentemente do grupo constituído por C_{1-6} alquilo, arilo, arilo(C_{1-6})alquilo, arilo(C_{2-6})alquenilo, arilo(C_{2-6})alquinilo, heteroarilo, heteroarilo(C_{1-6})alquilo, heteroaril(C_{2-6})alquil, heteroaril(C_{2-6})alquinil, amino, C_{1-6} alquilamino, (C_{1-6} alquil)$_2$ amino, arilamino, heteroarilamino, ariloxi, heteroariloxi, trifluorometilo e halogéneo; em que o aril, o heteroaril e o aril e heteroaril de aril(C_{1-6})alquilo, aril(C_{2-6})alquenilo, aril(C -26)alquinilo, heteroaril(C_{2-6})alquilo, heteroaril(C_{2-6})alquenilo, heteroaril(C_{2-6})alquinilo, arilamino, heteroarilamino, ariloxi e heteroariloxi são opcionalmente substituídos por um a cinco substituintes fluorados ou por um a três substituintes selecionados independentemente do grupo constituído por C_{1-6} alquilo, hidroxi(C_{1-6})alquilo, C_{1-6} alcoxi, C_{6-10} aril(C_{1-6})alquilo, C_6 -ıoaril(C_{1-6})alcoxi, C -610 aril, C_{6-10} ariloxi, heteroaril(C_{1-6})alquilo, heteroaril(C_{1-6})alcoxi, heteroaril, heteroariloxi, C_{6-10} arilamino, heteroarilamino, amino, C_{1-6} alquilamino, (C_{1-6}alquilo)$_2$ amino, carboxi(C_{1-6})alquilamino, carboxi, C_{1-6} alquilcarbonilo, C_{1-6} alcoxicarbonilo, C_{1-6} alquilcarbonilamino, aminocarbonilo, Ci_6 alquilaminocarbonilo, (C_{1-6} alquil)$_2$ aminocarbonilo, carboxi(C_{1-6})alquilaminocarbonilo, ciano, halogéneo, trifluorometilo, trifluorometoxi, hidroxi, C_{1-6} alquilsulfonilo e C_{1-6} alquilsulfonilamino; desde que não mais de um desses substituintes na parte aril ou heteroaril de R³ seja selecionado do grupo constituído por C_{6-10} aril(C_{1-6})alquilo, C_{6-10} aril(C_{1-6})alcoxi, C_{6-10} aril, C_{6-10} ariloxi, heteroaril(C_{1-6})alquilo, heteroaril(C_{1-6})alcoxi, heteroaril, heteroariloxi, C_6 -ıoarilamino e heteroarilamino e em que C_{1-6} alquilo e C_{1-6} alquilo de aril(C_{1-6})alquilo e heteroaril(C_{1-6})alquilo são opcionalmente substituídos por um substituinte selecionado do grupo constituído por hidroxi, carboxi, C_{1-4} alcoxicarbonilo, amino, C_{1-6} alquilamino, (C_{1-6} alquil)$_2$ amino, aminocarbonil, (C_{1-4})alquilaminocarbonil, di(C_{1-4})alquilaminocarbonil, aril, heteroaril, arilamino, heteroarilamino, ariloxi, heteroariloxi, aril(C_{1-4})alcoxi e heteroaril(C_{1-4})alcoxi;

R⁴ é um C_{6-1} o aril ou um heteroaril selecionado do grupo constituído por furilo, tienilo, pirrolilo, oxazolilo, tiazolilo, imidazolilo, pirazolilo, piridinilo, pirimidinilo, pirazinilo indolil, isoindolil, indolinil, benzofuril, benzotienil, benzimidazolil, benztiazolil, benzoxazolil, quinolizinil, quinolinil, isoquinolinil e quinazolinil; em que R⁴ é opcionalmente substituído com um a três substituintes R⁴¹ selecionados independentemente do grupo constituído por (C_{1-6})alquilo opcionalmente substituído com amino, C_{1-6} alquilamino, ou (C_{1-6} alquilo) amino; (C_{1-6})alcoxi; fenil(C_{1-6})alcoxi; fenil(C_{1-6})alquilcarboniloxi, em que o C_{1-6} alquilo é opcionalmente substituído por amino; um 5-membro heteroaril(C_{1-6})alquilcarbonioxi não fundido; um 5-membro heteroaril não fundido; hidroxi; halogéneo; aminossulfonilo; formilamino; aminocarbonilo; C_{1-6} alquilaminocarbonilo em que o C_{1-6} alquilo é opcionalmente substituído por amino, C_{1-6} alquilamino ou (C_{1-6} alquilo)$_2$ amino; (C_1 - 6alkyl)2ammocarbonilo em que cada C_{1-6} alquilo é opcionalmente substituído por amino, C_{1-6} alquilamino ou (C_{1-6} alquilo)$_2$ amino; heterociclo-carbonilo, em que o heterociclo é um anel de 5-7 membros contendo azoto e o referido heterociclo está ligado ao carbono carbonílico através de um átomo de azoto; carboxi; ou ciano; e em que a parte fenil do fenil(C_{1-6})alquilcarboniloxi é opcionalmente substituída por (C_{1-6})alquil(C_{1-6})alcoxi, halogéneo, ciano, amino ou hidroxi; desde que não mais de um R^{41} seja (C_{1-6})alquil substituído por C_{1-6} alquilamino ou (C_{1-6} alquil)$_2$ amino; aminosulfonilo; formilamino; aminocarbonilo; C_{1-6} alquilaminocarbonilo; (C_{1-6} alquilo)$_2$ aminocarbonilo; heterociclocarbonilo; hidroxi; carboxi; ou um substituinte que contenha fenilo ou heteroarilo;

R^5 é um substituinte num átomo de azoto do anel A selecionado do grupo constituído por hidrogénio e C_{1-4} alquilo;

R^6 é hidrogénio ou C_{1-6} alquilo; R^7 é hidrogénio ou C_{1-6} alquilo;

R^a e Rb são selecionados independentemente do grupo constituído por hidrogénio, C - 16 alquilo e C_{1-6} alcoxicarbonilo; alternativamente, quando R^a e Rb não são hidrogénio, R^a e Rb são opcionalmente tomados em conjunto com o átomo de azoto ao qual estão ligados para formar um anel monocíclico de cinco a oito membros;

L é selecionado a partir do grupo constituído por O, S e N(R^d) em que R^d é hidrogénio ou C_{1-6} alquilo; e enantiómeros, diastereómeros, racematos e sais farmaceuticamente aceitáveis.

Ilustrativo da invenção é um transportador farmaceuticamente aceitável e qualquer um dos compostos descritos acima.

A invenção WO'315 também é dirigida a métodos para produzir os compostos instantâneos da Fórmula (I) e composições farmacêuticas e medicamentos dos mesmos.

O WO'315 divulga vários esquemas de reação, que estão relacionados com certos produtos intermédios e compostos da invenção:

No esquema de reação-1, o ácido carboxílico de fórmula A-1, disponível comercialmente ou preparado através de protocolos descritos na literatura científica, pode ser acoplado a uma α-aminocetona utilizando condições normais de acoplamento de péptidos com um agente de acoplamento como o EDCI e um aditivo como o HOBt para obter um composto de fórmula A-2. O composto A-2 pode ser condensado com uma amina de fórmula H_2 N- R_5 ou acetato de amónio e ciclizado após aquecimento em ácido acético, obtendo-se um composto de fórmula A-4.

Esquema-1: Processo para a preparação de produtos intermédios e seus derivados que são úteis para a preparação de Eluxadolina:

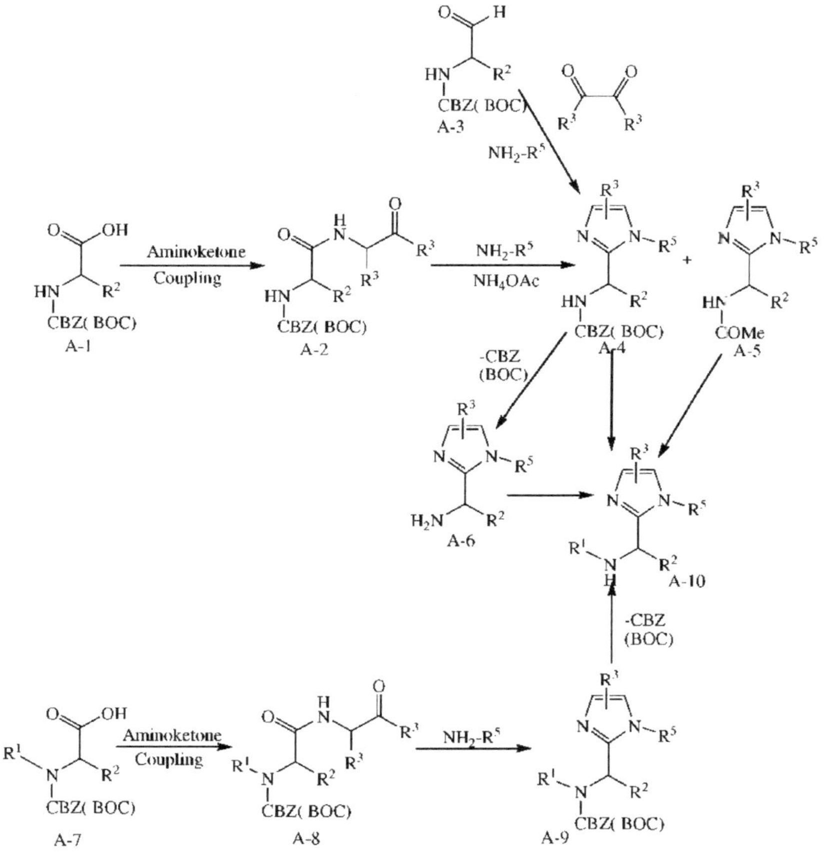

O grupo protetor do composto A-4 pode ser removido utilizando condições conhecidas pelos peritos na matéria que sejam adequadas para o grupo protetor específico, de modo a obter um composto de fórmula A-6. Por exemplo, a hidrogenação na presença de um catalisador de paládio é um método para a remoção de um grupo protetor CBZ, enquanto o tratamento com um ácido como o TFA é eficaz para a desproteção de um grupo BOC.

Um composto de fórmula A-6 pode ser substituído por aminação redutora com um aldeído ou cetona adequadamente substituídos na presença de uma fonte de hidreto, como o borohidreto de sódio ou o triacetoxiborohidreto de sódio, para obter compostos de fórmula A-10.

Em alternativa, um composto de fórmula A-3 pode ser condensado com um composto dicarbonílico de fórmula R_3 (C=0)2R_3 e uma amina de fórmula H N-R_{25} , após aquecimento em ácido acético, para obter um composto de fórmula A-4. Quando o composto A-3 é protegido com um grupo BOC, pode produzir-se um subproduto de fórmula A-5. Os compostos de fórmula A-4 ou A-5 podem ser tratados com uma fonte de hidreto, como o hidreto de lítio-alumínio, para dar certos compostos de fórmula A-10.

Do mesmo modo, um composto de fórmula A-7 pode ser acoplado a uma α-aminocetona, como descrito acima para os compostos de fórmula A-1, para produzir os compostos de fórmula A-8 correspondentes. Um composto de fórmula A-8 pode então ser ciclizado na presença de uma amina de fórmula H N-R_{25} ou de acetato de amónio e subsequentemente desprotegido, como descrito acima, para obter compostos de fórmula A-10. Certos compostos da presente invenção podem ser preparados de acordo com o processo descrito no Esquema-2.

Mais especificamente, um composto de fórmula B-1 (em que o azoto do imidazol é substituído por R^5 , tal como definido no presente documento, ou R^{5a} , um grupo protetor do azoto, como SEM, MOM ou semelhante) pode ser desprotonado com uma base organometálica, como o n-butilítio, e depois tratado com uma amida adequadamente substituída para produzir um composto de fórmula B-2. O composto B-2 pode ser bromado para produzir uma mistura de regioisómeros da fórmula B-3. Um composto de fórmula B-3 pode ainda ser elaborado através de uma aminação redutora com uma amina de fórmula H N-$R_2{}^1$ na presença de uma fonte de hidreto, como descrito no esquema A, para obter um composto de fórmula B-4. A amina de um composto de fórmula B-4 pode ser acoplada a um ácido carboxílico adequado em condições normais de acoplamento de péptidos com um agente de acoplamento como o EDCI e um aditivo como o HOBt para produzir compostos de fórmula B-5.

Esquema-2: Processo de preparação da Eluxadolina e seus derivados e seus intermediários:

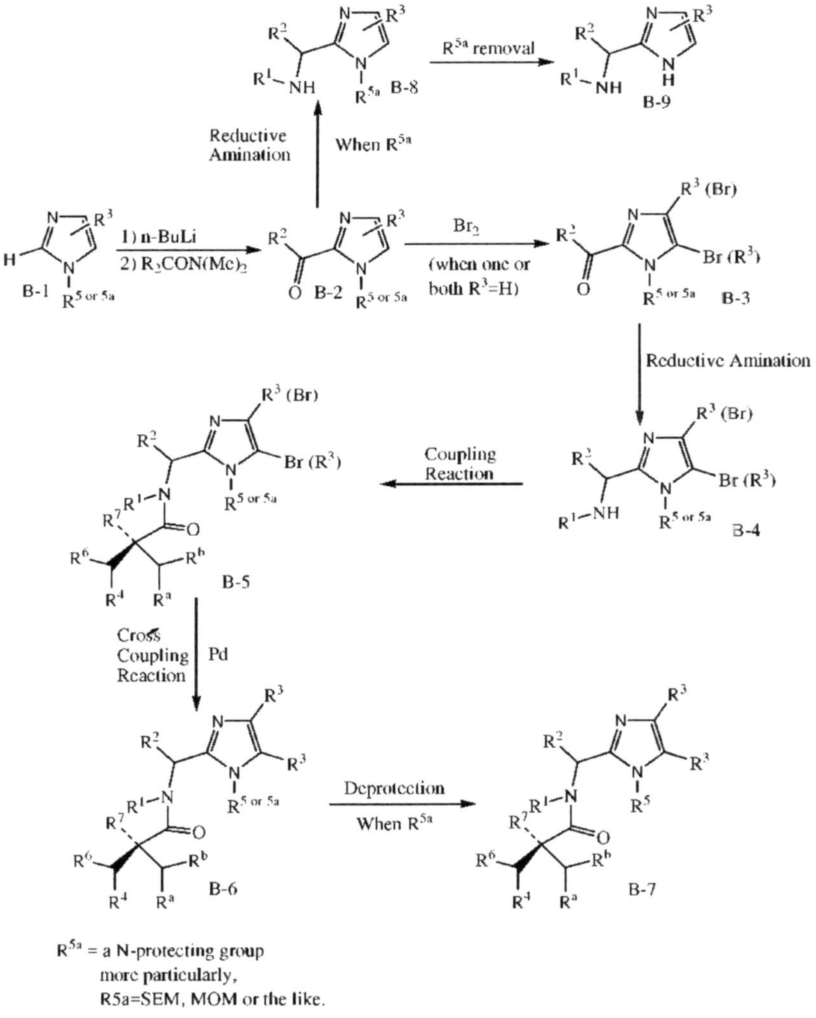

R^{5a} = a N-protecting group
more particularly,
R5a=SEM, MOM or the like.

Certos substituintes R^3 da presente invenção em que um átomo de carbono é c ponto de ligação podem ser introduzidos num composto de fórmula B-5 através de uma reação de acoplamento cruzado catalisada por um metal de transição para obter compostos de fórmula B-6. Os catalisadores de paládio adequados incluem o paládio tetraquis trifenilfosfina e semelhantes. Os ácidos de Lewis adequados para a reação incluem os ácidos borónicos e semelhantes. Os compostos protegidos com R^{5a} podem ser desprotegidos em condições ácidas para produzir compostos de fórmula B-7. De modo semelhante, um intermediário B-2, quando opcionalmente protegido com R^{5a} , pode ser alquilado redutivamente utilizando os métodos acima descritos para obter um composto de fórmula B-8, seguido da remoção do grupo protetor R^{5a} utilizando as condições aqui descritas para obter um composto de fórmula B-9. Um perito na matéria reconhecerá que o substituinte L (representado como O nas fórmulas do Esquema B) pode ser posteriormente transformado em S ou N(R^d) da presente invenção utilizando métodos químicos convencionais e conhecidos.

Certos compostos da presente invenção podem ser preparados de acordo com o processo descrito no Esquema-3 abaixo.

Esquema-3: Processo de preparação da Eluxadolina e seus derivados:

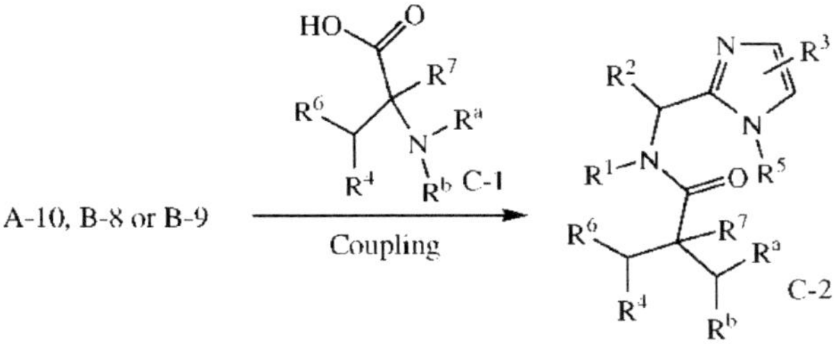

A-10, B-8 or B-9 → (C-1, Coupling) → C-2

Mais especificamente, um composto de fórmula A-10, B-8 ou B-9 pode ser transformado num composto de fórmula C-2 através do acoplamento com um ácido carboxílico adequado em condições normais de acoplamento de péptidos, tal como descrito acima. Um perito na matéria reconhecerá que o substituinte L num composto de fórmula C-2 (representado como O) pode ser convertido em S ou N(R^d) da presente invenção utilizando métodos químicos convencionais e conhecidos. Os ácidos carboxílicos adequadamente substituídos da presente invenção podem estar disponíveis comercialmente ou ser preparados através de protocolos descritos na literatura científica. Nos Esquemas 4 e 5 são descritas várias vias químicas para a preparação de certos compostos de fórmula C-1.

Esquema-4: Processo de preparação de produtos intermédios e seus derivados de eluxadolina:

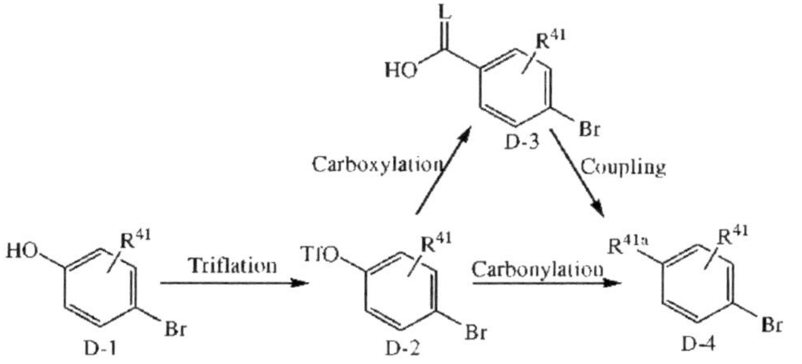

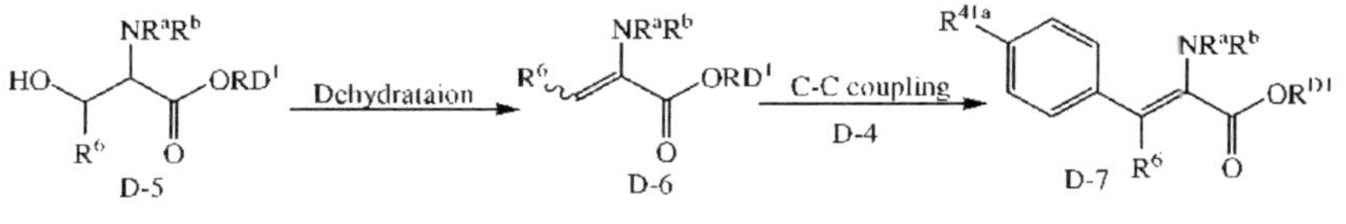

Hidrogenação

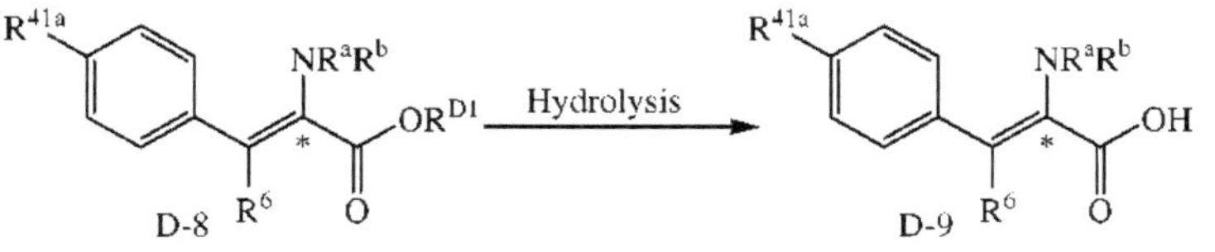

R^{41a} = aminocarbonilo, C_{1-6} alquilaminocarbonilo, ou (C_{1-6} alquilo)$_2$ aminocarbonilo; R_D^1 =H, C_{1-6} alquilo, ou aril(C_{1-6})alquilo Especificamente, um composto de fórmula D-1 pode ser tratado com anidrido trifluorometanossulfónico para obter o composto trilatado de fórmula D-2. Um composto de fórmula D-2 pode ser convertido num composto de fórmula D-4 por uma variedade de vias químicas que utilizam métodos químicos convencionais conhecidos dos peritos na matéria. Por exemplo, o grupo bromo de um composto de fórmula D-2 pode ser submetido a uma reação de carboxilação através de uma carbonilação inicial sob uma atmosfera de monóxido de carbono na presença de um catalisador de paládio adequado e de DPPF, seguida de um tratamento básico aquoso para obter um composto de fórmula D-3. Subsequentemente, o grupo carboxilo pode ser convertido num substituinte de R^{41a} da fórmula D-4 utilizando condições normais de acoplamento de péptidos. Em alternativa, um composto de fórmula D-4 pode ser diretamente preparado através de uma carbonilação do composto de fórmula D-2, seguida de tratamento com HMDS ou uma amina primária ou secundária.

O composto de fórmula D-5, conhecido ou preparado por métodos conhecidos, pode ser tratado com EDC na presença de cloreto de cobre (I) para obter o alceno correspondente de fórmula D6. O composto de fórmula D-6 pode então sofrer uma reação de Heck com um composto de fórmula D-4 na presença de um catalisador de paládio adequado e de um ligando fosfino para obter um composto de fórmula D7. A hidrogenação subsequente do substituinte alquenilo utilizando métodos normais de redução de hidrogénio dá origem a um composto de fórmula D-8.

O Esquema E demonstra um método alternativo para preparar o intermediário D-7 da presente invenção. Um composto de fórmula E-1 pode ser transformado num composto de fórmula E-4 utilizando as etapas sintéticas devidamente adaptadas descritas no Esquema D. Um perito na matéria reconhecerá que esta transformação pode ser obtida através da manipulação da sequência de reação. Um composto de fórmula E-4 pode ser convertido no seu nitrilo correspondente através de uma reação de deslocamento nucleofílico aromático com anião cianeto. Um perito na matéria reconhecerá que um substituinte nitrilo é um sinónimo viável para um substituinte de R^{41a} .

Um composto de fórmula E-4 pode participar numa reação de Horner-Wadsworth-Emmons com um composto de fórmula E-7, na presença de uma base organometálica, como o n-butilítio, para obter um composto de fórmula D-7. Este intermediário pode ser elaborado conforme descrito no Esquema D do presente documento.

Esquema-5: Processo de preparação de produtos intermédios e seus derivados de eluxadolina:

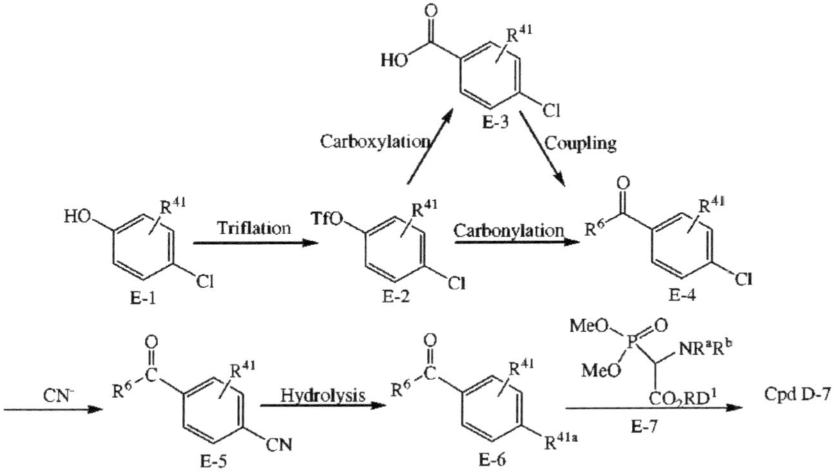

Certos compostos da presente invenção podem ser preparados de acordo com o processo descrito no Esquema-6 abaixo.

Mais especificamente, um composto de fórmula F-1, em que R^{11} é um alcoxicarbonilo tal como definido acima, pode ser saponificado no seu ácido correspondente, um composto de fórmula F-2. Um composto de fórmula F-3 em que R^{11} é um substituinte ciano pode ser elaborado no seu correspondente aminocarbonilo, o composto F-4, por tratamento com peróxido de hidrogénio na presença de anião hidróxido.

Esquema-6: Processo de preparação da eluxadolina e dos seus produtos intermédios e derivados:

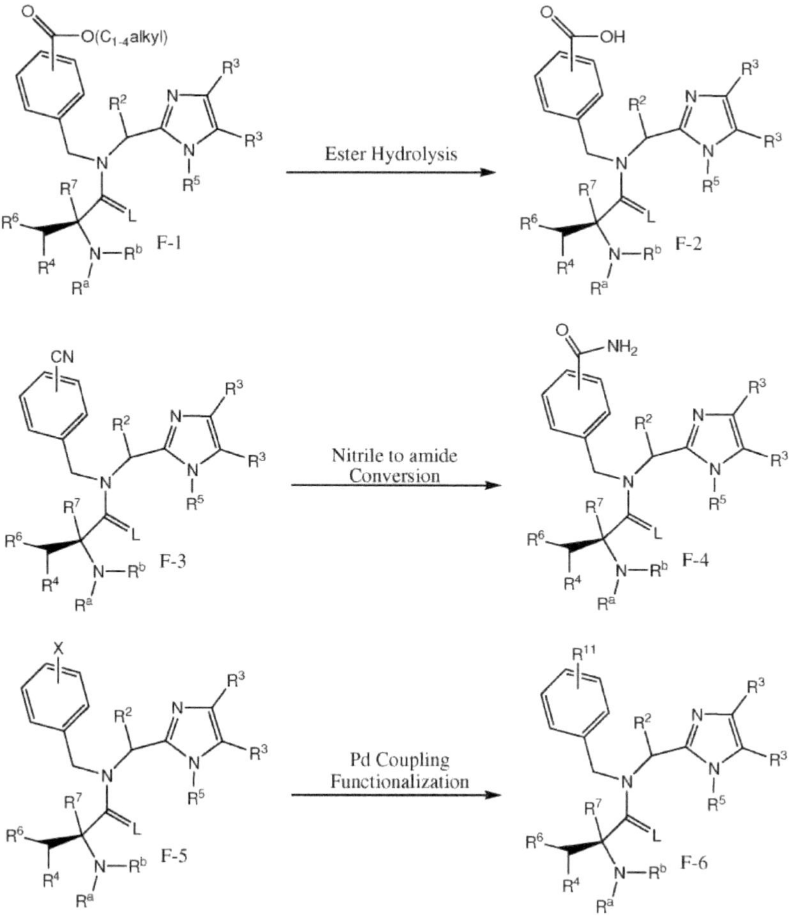
O(C1-4alkyl)
OH
Ester Hydrolysis
F-1
F-2
CN
NH2
Nitrile to amide
Conversion
F-3
F-4
X
R11
Pd Coupling
Functionalization
F-5
F-6

X= I, Br, -OTs, -OTf R^{11}= CN, -$C0_2H$, -alkoxycarbonyl

Do mesmo modo, quando R^3 é um anel arilo ciano-substituído, pode ser tratado como descrito acima para formar um anel arilo substituído por aminocarbonilo.

Certos substituintes de R^{11} podem ser instalados através de uma reação de acoplamento catalisada por paládio com um precursor substituído por X. Por exemplo, um composto de fórmula F-5 em que X é iodeto, brometo, tosilato, triflato ou semelhante pode ser tratado com $Zn(CN)_2$ na presença de tetraquis trifenilfosfina de paládio para dar um composto de fórmula F-6 em que R^{11} é ciano. O tratamento de um composto de fórmula F-5 com $Pd(OAc)_2$ e um ligando como o 1,1-bis(difenilfosfino) ferroceno numa atmosfera de monóxido de carbono produz um composto de fórmula F-6 em que R^{11} é um substituinte carboxi.

Mencionamos aqui exemplos de processos disponíveis, conforme mencionado no WO'315, com os respectivos esquemas de reação.

Exemplo-1: 2-Amino-3-(4-hidroxi-2,6-dimetil-fenil)-N-isopropil-N-[1-(4-fenil-1H-imidazol-2-il)-etil]-propionamida (esquema-7):

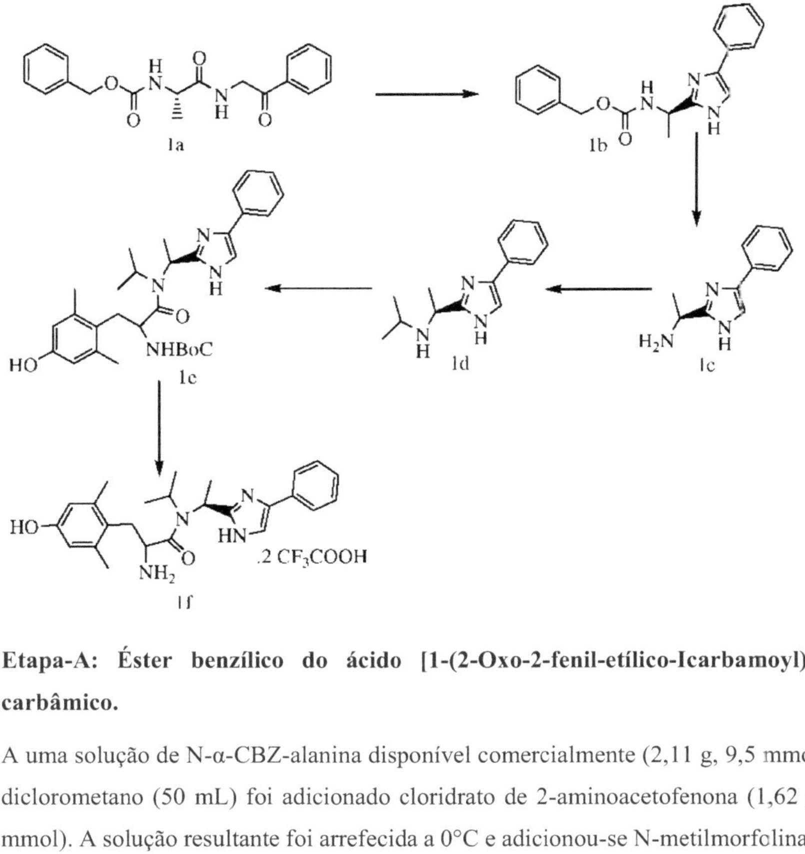

1a
1b
1c
1d
1e
1f

Etapa-A: Éster benzílico do ácido [1-(2-Oxo-2-fenil-etílico-Icarbamoyl)-etil]-carbâmico.

A uma solução de N-α-CBZ-alanina disponível comercialmente (2,11 g, 9,5 mmol) em diclorometano (50 mL) foi adicionado cloridrato de 2-aminoacetofenona (1,62 g, 9,5 mmol). A solução resultante foi arrefecida a 0°C e adicionou-se N-metilmorfolina (1,15 g, 11 mmol), 1-hidroxibenzotriazol (2,55 g, 18,9 mmol) e cloridrato de 1-[3-(dimetil-amino)propil]-3-etilcarbodiimida (2,35 g, 12,3 mmol), por esta ordem, sob atmosfera de árgon. A mistura reacional foi aquecida à temperatura ambiente e agitada durante a noite. A reação foi extinta por adição de uma solução aquosa saturada de $NaHC0_3$; a fase orgânica separada foi lavada com ácido cítrico 2N, solução saturada de $NaHC0_3$ e salmoura, sendo depois seca sobre $MgSO_4$ durante a noite. Após filtração e concentração, o resíduo foi purificado por cromatografia em coluna sobre gel de sílica (eluente: EtOAc:hexano-1:1) para obter o produto puro: éster benzílico do ácido [1-(2-oxo-2-fenil-etilcarbamoyl)-etil]-carbâmico (2,68 g, 83 %). ^{1}RMN de H (300 MHz, $CDCl_3$): δ 1,46 (3H, d), 4,39 (1 H, m), 4,75 (2H, d), 5,13 (2H, d), 5,40 (1 H, m), 7,03 (1 H, m), 7,36 (5H, m), 7,50 (2H, m), 7,63 (1 H, m), 7,97(2H, m). MS(ES^+): 341.1 (100%).

Etapa B: Éster benzílico do ácido [1-(4-fenil-1H-imidazol-2-il)-etil]-carbâmico.

A uma suspensão de éster benzílico do ácido [1-(2-oxo-2-fenil-etilcarbamoyl)-etil]-carbâmico (2,60 g, 7,64 mmol) em xileno (60 mL) foi adicionado NH_4 OAc (10,3 g, 134 mmol) e HOAc (5 mL). A mistura resultante foi aquecida em refluxo durante 7 h. Depois de arrefecida à temperatura ambiente, adicionou-se salmoura e a mistura foi separada. A fase aquosa foi extraída com EtOAc, e as fases orgânicas combinadas foram secas sobre Na SO_{24} durante a noite. Após filtração e concentração, o resíduo foi purificado por cromatografia em coluna sobre gel de sílica (eluente, EtOAc:hexano-1 :1) para obter o composto em causa (2,33 g, 95 %). RMN de H (300 MHz, $CDCl_3$): δ 1,65 (3H, d), 5,06 (1 H, m), 5,14 (2H, q), 5,94 (1 H, d), 7,32 (10H, m), 7,59 (2H, d). MS(ES^+): 322.2 (100%).

Etapa C: 1-(4-Fenil-1H-imidazol-2-il)-etilamina.

A uma solução de éster benzílico do ácido [1-(4- fenil-1H-imidazol-2-il)-etil]-carbâmico (1,5 g, 4,67 mmol) em metanol (25 mL) foi adicionado paládio a 10% sobre carbono (0,16 g). A mistura foi agitada num aparelho de hidrogenação a rt sob uma atmosfera de hidrogénio (10 psi) durante 8 h. A filtração seguida de evaporação até à secura sob pressão reduzida deu o produto em bruto 1-(4-Fenil-1H-imidazol-2-il)-etilamina (0,88 g, 100%). ^{1}RMN de H (300 MHz, $CDCl_3$): δ 1,53 (3H, d), 4,33 (1H, q), 7,23 (3H, m), 7,37 (2H, m), 7,67 (2H, m). MS(ES^+): 188,1 (38%).

Etapa D: Isopropil-[1-(4-fenil-1H-imidazol-2-il)-etil]-amina.

1-(4-Fenil-1H-imidazol-2-il)-etilamina (0,20 g, 1,07 mmol) e acetona (0,062 g, 1,07 mmol) foram misturados em 1,2-dicloroetano (4 mL), seguido da adição de $NaBH(OAc)_3$ (0,34 g, 1,61 mmol). A mistura resultante foi agitada ao rt durante 3 h. A reação foi extinta com uma solução saturada de $NaHCO_3$. A mistura foi extraída com EtOAc e os extractos combinados foram secos com Na SO_{24} . A filtração, seguida de evaporação até à secura sob pressão reduzida, deu origem à isopropil-[1-(4- fenil-1 H-imidazol-2-il)-etil]-amina em bruto (0,23 g, 100%), que foi utilizada na reação seguinte sem qualquer outra purificação. [1]RMN de H (300 MHz, CDCl3): δ 1,10 (3H, d), 1,18 (3H, d), 1,57 (3H, d), 2,86 (1 H, m), 4,32 (1 H, m), 7,24 (2H, m), 7,36 (2H, m), 7,69 (2H, m). MS(ES^+): 230,2 (100%).

Etapa-E: Éster terc-butílico do ácido (2-(4-hidroxi-2,6-dimetilfenil)-1 -{isopropil-[1 -(4-fenil-1 H- imidazol-2-il)-etil]-carbamoil}-etil)-carbâmico.

A uma solução de ácido 2-terc-butoxicarbonilamino-3-(4-hidroxi-2,6-dimetil-fenilpropiónico (0,18 g, 0,6 mmol) em DMF (7 mL) foi adicionado isopropil-[1-(4-fenil-1H-imidazol-2-il)-etil]-amina (0.11 g, 0,5 mmol), 1- hidroxibenzotriazol (0,22 g, 1,6 mmol) e cloridrato de 1-[3-(dimetilamino)propil]-3- etilcarbodiimida (0,12 g, 0,6 mmol). A mistura resultante foi agitada sob uma atmosfera de árgon à temperatura ambiente durante uma noite. A mistura reacional foi extraída com EtOAc e os extractos orgânicos combinados foram lavados sequencialmente com solução aquosa saturada de $NaHC0_3$, HCI 1N, solução aquosa saturada de $NaHC0_3$ e salmoura. A fase orgânica foi então seca sobre $MgS0_4$, filtrada e o filtrado foi concentrado sob pressão reduzida. O resíduo resultante foi purificado por cromatografia em coluna flash (eluente: EtOAc) para obter o produto (éster terc-butílico do ácido 2-(4-hidroxi-2,6-dimetil-fenil)-1-{ isopropil- [1 -(4-fenil-1 H-imidazol-2-il)-etil] -carbamoyl} -etil)-carba mic (0,13 g, 50%). MS(ES^+): 521.5 (100%).

Etapa-F: 2-Amino-3-(4-hidroxi-2,6-dimetil-fenil)-N-isopropil-N-[1-(4-fenil -1 H-imidazol-2-il) -etil]-propionamida.

Uma solução de éster terc-butílico do ácido (2-(4-hidroxi-2,6-dimetil-fenil)-1 -{isopropil-[1 -(4-fenil-1 H- imidazol-2-il)-etil]-carbamoil}-etil)-carbâmico (0,13 g, 0.25 mmol) em ácido trifluoroacético (5 mL) foi agitado à temperatura ambiente durante 2 h. Após a remoção dos solventes, o resíduo foi purificado por LC preparativo e liofilizado para dar o sal TFA do composto do título como um pó branco (0,042 g). [1]RMN de H (300 MHz, $CDCl_3$): δ 0,48 (3H, d), 1,17 (3H, d), 1,76 (3H, d), 2,28 (6H, s), 3,19 (2H, m), 3,74 (1 H, m), 4,70 (1 H, m), 4,82 (1 H, q), 6,56 (2H, s), 7,45 (4H, m), 7,74 (2H, m). MS(ES^+): 421.2 (100%).

Exemplo-2: Metil-[2-metil-1-(4-fenil-1 H-imidazol-2-il)-propil]-amina e etil-[2-

metil-M -(4-fenil-1H-imidazol-2-il)-propil]-amina (esquema-8):

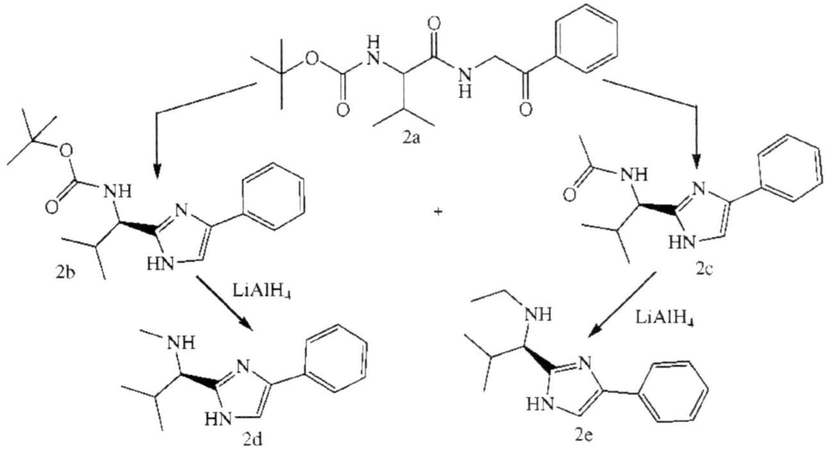

Etapa A: éster terc-butílico do ácido [2-metil-1-(2-oxo-2-fenil-etilcarbamoyl)-propil]-carbâmico.

O composto 2a foi preparado de acordo com o Exemplo 1, utilizando os reagentes, os materiais de base e os métodos adequados conhecidos pelos peritos na matéria.

Etapa B: Éster tertbutílico do ácido [2-metil-1 -(4-fenil-1 -H-imidazol-2-il)-propil]-carbâmico.

Seguindo o procedimento descrito no Exemplo 1 para a conversão da Composição 1a na Composição 1b e utilizando os reagentes e métodos adequados conhecidos pelos peritos na matéria, foi preparado o éster terc-butílico do ácido [2-metil-1-(4-fenil-1-H-imidazol-2-il)-propil]-carbâmico, Cpd 2b.

Após o workup, a mistura do produto em bruto foi submetida a cromatografia em gel de sílica flash (eluentes: CH_2 CI_2 , seguido de 4:1 CH_2 Cl√Et_2 0, depois EtOAc). O processamento das fracções permitiu obter 1,08 g (27%) de éster terc-butílico do ácido [2- metil-1-(2-oxo-2-fenil-etilcarbamoyl)-propil]-carbâmico recuperado (Cpd 2a), 1.89 g (50%) de éster terc-butílico do ácido [2-metil-1-(4-fenil-1-H-imidazol-2-il)-propil]-carbâmico (Cpd 2b) e 0,60 g de uma mistura de N-[2-metil- 1-(4-fenil-1 H-imidazol-2-il)-propil]-acetamida (Cpd 2c) e acetamida.

O Cpd 2c foi purificado por dissolução em CH_3 CN quente e arrefecimento a 0°C. O precipitado foi recolhido por filtração por sucção, obtendo-se 0,21 g (7%) de N-[2-metil-1-(4-fenil- 1 H-imidazol-2-il)-propil]-acetamida, Cpd 2c, como um pó branco (HPLC: 100% @ 254 nm e 214 nm). [1]RMN de H (300 MHz, CDCl3): δ 7,63 (2H, br s), 7,33 (2H, t, J = 7,5 Hz), 7,25 - 7,18 (2H, m), 4,78 (1 H, br s), 2.35 (1 H, br m), 2.02 (3H, s), 1.03 (3H, d, J = 6.7 Hz), 0.87 (3H, d, J = 6.7 Hz); MS (ES^+) (intensidade relativa): 258.3 (100) (M+1).

Etapa C: Methyl-[2-methyl-1 -(4-phenyl-1 H-imidazol-2-yl)-propyl]-amine.

Uma solução de éster tertbutílico do ácido [2-metil-1-(4-fenil-1-H-imidazol-2-il)-propil]-carbâmico (0,095 g, 0,30 mmol) em THF (2,0 mL) foi adicionada gota a gota durante 10 min a uma solução refluxante 1,0 M de $LiAIH_4$ em THF (3,0 mL). A reação foi mantida em refluxo durante 2 h, arrefecida à temperatura ambiente e extinta por tratamento sequencial com 0,11 mL de água fria (5°C), 0,11 mL de NaOH a 15% em solução aquosa e 0,33 mL de água fria (5°C). O sólido resultante foi removido por filtração por sucção e o filtrado (pH 8 - 9) foi extraído três vezes com EtOAc. As fracções orgânicas combinadas foram secas sobre $MgS0_4$, filtradas e concentradas para obter 0,58 g (84%) de metil-[2-metil-1-(4-fenil-1 H-imidazol-2-il)-propil]-amina como um óleo amarelo claro (HPLC: 97% @ 254 nm e 214 nm). [1]RMN de H (300 MHz, CDCl3): δ 7,69 (2H, d, J = 7,4 Hz), 7,36 (2H, t, J = 7,6 Hz), 7,26 (1 H, s), 7,25 - 7,20 (1 H, m), 3.62 (1 H, d, J = 6,3 Hz), 2,35 (3H, s), 2,06 (1 H, m), 0,99 (3H, d, J = 6,7 Hz), 0,89 (3H, d, J = 6,7 Hz); MS (ES^+) (intensidade relativa): 230.2 (100) (M+1).

Etapa D: Etil-[2-metil-1-(4-fenil-1H-imidazol-2-il)-propil]-amina.

Uma solução de N-[2-metil-1-(4-fenil-1H-imidazol-2-il)-propil]-acetamida (0,077 g, 0,30 mmol) em THF (2,0 mL) foi adicionada gota a gota durante 10 min a uma solução refluxante 1,0 M de $LiAIH_4$ em THF (3,0 mL). A reação foi mantida em refluxo durante 11 h, arrefecida até à temperatura ambiente e extinta por tratamento sequencial com 0,11 ml de água fria (5°C), 0,11 ml de NaOH a 15% em solução aquosa e 0,33 ml de água fria (5°C). O sólido resultante foi removido por filtração por sucção e o filtrado (pH 8 - 9) foi extraído três vezes com EtOAc. As fracções orgânicas combinadas foram secas sobre $MgS0_4$, filtradas e concentradas para obter 0,069 g de uma mistura 5:1 (determinada por[1] H NMR) de etil-[2-metil-1-(4-fenil-1 -/-imidazol-2-il)-propil]-amina e Cpd 2c recuperado como um óleo incolor (HPLC: picos sobrepostos). [1]RMN de H

(300 MHz, $CDCl_3$): δ 7,67 (2H, br s), 7,35 (2H, t, J = 7,6 Hz), 7,26 - 7,17 (2H, m), 3,72 (1 H, d, J = 6,0 Hz), 2,56 (2H, dq, J = 13.0, 7,1 Hz), 2,05 (1H, m), 1,08 (3H, t, J = 7,1 Hz), 0,97 (3H,d, J = 6,7 Hz), 0,89 (3H, d, j = 6,7 Hz); MS (ES^+) (intensidade relativa): 244.2 (100) (M+1).

Esta amostra era de qualidade suficiente para ser utilizada na reação seguinte sem purificação adicional.

A metil- [2-metil-1-(4-fenil-1 H-imidazol-2-il)-propil]-amina e a etil- [2-metil-1-(4-fenil-1 H-imidazol-2-il)-propil]-amina podem ser substituídas pelo Cpd 1d do Exemplo 1 e transformadas em compostos da presente invenção com os reagentes, matérias-primas e métodos de purificação adequados conhecidos dos peritos na matéria.

Exemplo-3: (3,4-Dimetoxi-benzil)-[1-(4-fenil-1H-imidazol-2-il)-etil]-amina (Esquema-9)

1-(4-phenyl-1H-imidazol-2-yl)-ethylamine + 3,4-dimethoxybenzaldehyde → (3,4-Dimethoxy-benzyl)-[1-(4-phenyl-1H-imidazol-2-yl)-ethyl]-amine

Uma solução de 1-(4-fenil-1H-imidazol-2-il)-etilamina (0,061 g, 0,33 mmol) do Exemplo 1, e 0,55 g (0,33 mmol) de 3,4-dimetoxibenzaldeído em 5 ml de metanol anidro foi agitada à temperatura ambiente durante 1 h e depois arrefecida a cerca de 0-10°C num banho de gelo durante 1 h. A reação foi tratada cuidadosamente com 0,019 g (0,49 mmol) de borohidreto de sódio numa porção e mantida a cerca de 0-10°C durante 21 h. A reação foi tratada cuidadosamente com 0,019 g (0,49 mmol) de borohidreto de sódio numa porção e mantida a cerca de 0-10°C durante 21 h. Adicionou-se HCI aquoso 2M frio gota a gota (30 gotas), a mistura foi agitada durante 5 min e depois parcialmente concentrada no vácuo sem aquecimento. O material residual foi absorvido em EtOAc para produzir uma suspensão que foi tratada com 5 ml de NaOH aquoso 3M frio e agitada vigorosamente até ficar límpida. As fases foram separadas e a camada aquosa foi extraída três vezes com EtOAc. Os extractos combinados foram secos sobre $MgS0_4$, filtrados e concentrados para obter 0,11 g de (3,4- dimetoxi-benzil)-[1- (4-fenil-1 H-imidazol-2-il)-etil]-amina como um óleo amarelo claro (HPLC: 87% @ 254nm e 66%

@ 214 nm). MS (ES$^+$) (intensidade relativa): 338.1 (100) (M+1). Esta amostra era de qualidade suficiente para ser utilizada na reação seguinte sem purificação adicional. O composto do título pode ser substituído pelo Cpd 1d do Exemplo 1 e transformado em compostos da presente invenção com os reagentes, materiais de base e métodos de purificação adequados conhecidos pelos peritos na matéria.

Exemplo-4: 1 -[4-(4-Fluorofenil)-1 -imidazol-2-il]-etilamina (Esquema-10)

4-fluorophenyl glyoxal hydrate

N-t-BOC-L-Alaninal

{1-[4-(4-Fluoro-phenyl)-1H-imidazol-2-yl]-ethyl}-carbamicacid-tert-butyl ester

1-[4-(4-Fluoro-phenyl)-1H-imidazol-2-yl]-ethylamine

Etapa-A: {1-[4-(4-Fluorofenil)-1H-imidazol-2-il]-etil}-carbamicácido-terceto-éster butílico.

Uma mistura de acetato de amónio (19,3 g, 250 mmol) e HOAc glacial (35 mL) foi agitada mecanicamente e aquecida a cerca de 100°C para dar uma solução incolor em 5-10 min. Depois de arrefecer até à temperatura ambiente, adicionou-se uma mistura sólida de N-tert-BOC-Alaninal (disponível comercialmente na Aldrich) e hidrato de 4-fluorofenilglioxal em porções, enquanto se agitava para obter uma mistura amarela. A mistura resultante foi aquecida a 100°C durante aproximadamente 2 h antes de arrefecer até à temperatura ambiente. A mistura foi arrefecida a 0-5°C e depois basificada por adição gota a gota de cone. NH_4 OH (25 mL), H_2 0 (25 mL) e EtOAc (40 ml), e cone adicional. NH_4 OH (50 ml) para tornar a mistura alcalina. As fases foram separadas e a fase aquosa foi re-extraída com EtOAc. As fases orgânicas combinadas foram filtradas através de decalite para remover um sólido laranja e foram lavadas com NaCl aquoso saturado. A fase orgânica foi então seca sobre $MgS\theta_4$, filtrada e concentrada sob pressão reduzida para dar 4,27 g de um resíduo castanho-alaranjado. O resíduo foi dissolvido numa solução de MeCN (22 mL) e DMSO (3 ml) e depois purificado por HPLC preparativa numa coluna Kromasil 10u C18 250 x 50 mm, eluindo com um gradiente de 35:65 MeCN:H_2 0. As fracções puras foram combinadas e liofilizadas para dar 1,77 g do produto como um pó branco-amarelado (42%; sal de TFA). MS: m/z 306,1 (MH^+).

Etapa B: 1 -[4-(4-Fluorofenil)-1 H-imidazol-2-il]-etilamina.

O éster terc-butílico do ácido {1-[4-[4-(4-fluorofenil)-1H-imidazol-2-il]-etil}-carbâmico pode ser desprotegido por BOC utilizando o procedimento descrito no Exemplo 1 para a conversão de Cpd 1e em Cpd 1f. Após a conclusão da desproteção por BOC, a amina resultante pode ser substituída pelo Cpd 1c do Exemplo 1 e elaborada em compostos da presente invenção com os reagentes, materiais de base e métodos de purificação adequados conhecidos pelos peritos na matéria.

Exemplo-5: lsopropil-[4(5)-fenil-1-(2-trimetilsilanil-etoximetil)-1H-imidazol-2-ilmetil]-amina (mistura de regioisómeros) (Esquema-11)

PH (H) H N H (PH) O N O Si
5a
Mixture of regioisomers

H N PH (H) N H (PH) N O Si
5b

Etapa-A: Regioisómeros do Cpd 5a.

Para uma solução arrefecida de 4(5)-fenil-1 -(2-trimetilsilanil-etoximetil)-1r-/- imidazol (Tet. Lett. 1986, 27(35), 4095-8) (7,70 g, 28,1 mmol) em THF seco (60 mL) foi adicionado n-butilítio (2,5 M em hexano, 22,5 mL, 56,2 mmol) a -78°C sob N_2 . A mistura resultante foi agitada a -78°C durante 1 h, seguida da adição de DMF (4,35 mL, 56,2 mmol). Após agitação a -78°C durante mais uma hora, a reação foi aquecida à temperatura ambiente e agitada durante a noite. A reação foi extinta pela adição de uma solução aquosa saturada de $NaHCO_3$ e extraída com

EtOAc. Os extractos orgânicos combinados foram secos sobre Na $S0_{24}$. Após filtração e evaporação, o resíduo foi purificado por cromatografia em coluna flash (eluente: EtOAc:hexano, 1:9) para dar 4(5)-fenil-1-(2-trimetilsilanil-etoximetil)-1H- imidazole-2-carbaldeído (5,11 g, 60%) como uma mistura de regioisómeros. ^{1}RMN de H (300 MHz, $CDCl_3$): δ 0,00 (9H, s), 2,98 (2H, t), 3,62 (2H, t), 5,83 (2H, s), 7,36 (1 H, m), 7,44

(2H, m), 7,65 (1 H, s), 7,86 (2H, m). MS(ES^+): 303.0 (42%).

Etapa-B: Regioisómeros do Cpd 5b.

Misturaram-se isopropilamina (0,18 g, 3 mmol) e uma mistura regioisomérica de 4(5)-fenil-1-(2-trimetilsilanil-etoximetil)-1H-imidazol-2-carbaidida (0,91 g, 3 mmol) em 1,2-dicloroetano (10 ml), seguindo-se a adição de triacetoxiborohidreto de sódio (0,95 g, 4,5 mmol). A mistura resultante foi agitada à temperatura ambiente durante 5 h. A reação foi temperada com uma solução aquosa saturada de $NaHCO_3$. A mistura resultante foi extraída com EtOAc e as fases orgânicas combinadas foram secas sobre $Na_2 SO_4$. Após filtração e concentração, o resíduo foi purificado por cromatografia em coluna flash (eluente: $CH_2 Cl_2$:CH_3 OH, 7:3) para obter isopropil- [4(5)-fenil-1 -(2-trimetilsilanil-etoximetil)-1 H-imidazol-2-il-metil]-amina (0,70 g, 68%) como uma mistura de regioisómeros. ^{1}RMN de H (300 MHz, $CDCl_3$): δ 0,00 (9H, s), 0,94 (2H, t), 1,11 (6H, d), 2,89 (1 H, m), 3,56 (2H, t), 3,94 (2H, s), 5,39 (2H, s), 7,25 (2H, m), 7,37 (2H, m), 7,76 (2H, d). MS(ES^+): 346.6 (75%).

O composto 5b pode ser substituído pelo Cpd 1d do Exemplo 1 e transformado em compostos da presente invenção com os reagentes, materiais de base e métodos de purificação adequados conhecidos pelos peritos na matéria.

Exemplo-6: Trifluoroacetato de 2-amino-3-(4-hidro-χy-fenil)-W-isopropil-N-(5-metil-4-fenil- 1H- imidazol-2-ilmetil)-propionamida (1 :2) (Esquema-12)

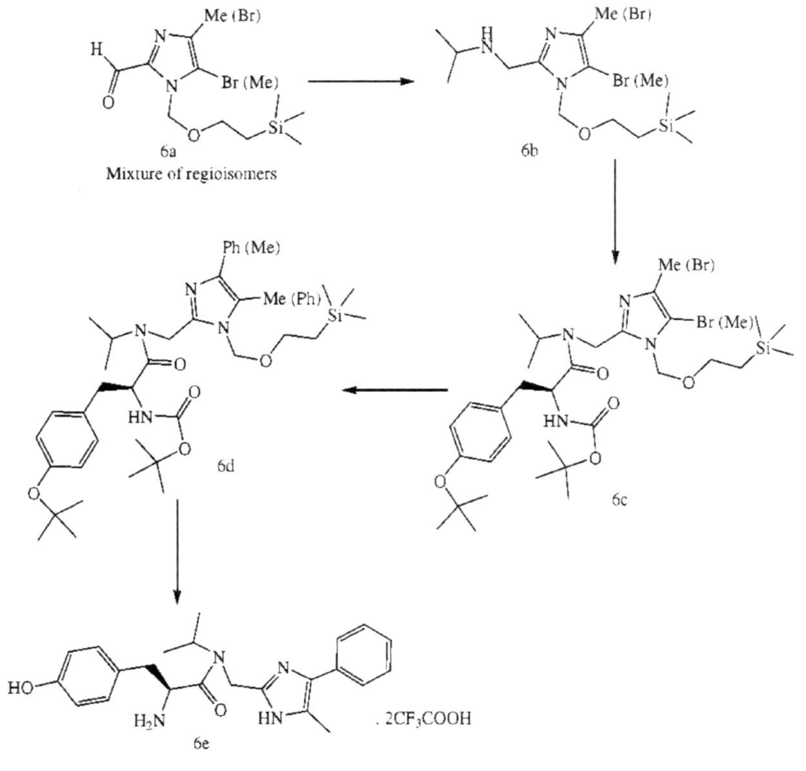

Etapa-A: Regioisómeros do Cpd 6a.

Bromo (1,17 mL, 22,76 mmol) foi adicionado lentamente a uma mistura regioisomérica arrefecida com gelo de 4(5)-metil-1 -(2-trimetilsilanil-etoximetil)-1H-imidazol-2-carbaldeído (5,47 g, 22,76 mmol; JOC, 1986, 51(10), 1891-4) em CHCI3 (75 mL). A reação foi aquecida até à temperatura ambiente após 1,5 h e, em seguida, agitada durante mais 1 h. A mistura reacional foi então extraída com $NaHC0_3$ aquoso saturado e a fase orgânica foi então seca sobre Na $S0_{24}$, filtrada e concentrada sob pressão reduzida para dar 7,46 g de material em bruto. Este material foi destilado no vácuo (bp 127135 °C; 1 mm Hg) para obter 3,16 g (43%) de uma mistura regioisomérica, Cpd 6a, como um líquido amarelo, que foi utilizado sem purificação adicional. ^{1}RMN de H ($CDCI_3$) δ 0 (s, 9H), 0,9-1,0 (t, 2H), 2,35 (s, 3H), 3,5-3,6 (t, 2H), 5,8 (s, 2H), 9,75 (s, 1H).

Etapa-B: Regioisómeros do Cpd 6b.

Adicionou-se isopropilamina (0,30 g, 5 mmol) em 1,2-dicloroetano (2 ml) a uma solução a 5°C de regioisómeros Cpd 6a (0,96 g, 3 mmol) em 1,2-dicloroetano (70 ml). Após agitação durante 5 minutos, adicionou-se à mistura reacional triacetoxiborohidreto de sódio (1,80 g, 8,5 mmol) puro. A mistura foi gradualmente aquecida até à temperatura ambiente e agitada durante 24 h. Nesta altura, foi adicionada uma porção adicional de triacetoxiborohidreto de sódio (0,60 g, 2,8 mmol) e a reação foi agitada durante mais 16 h. A reação foi então arrefecida até cerca de 10°C e tratada, enquanto se agitava, com $NaHCO_3$ aquoso saturado. Após agitação durante 15 minutos, as camadas foram separadas e a fase orgânica foi seca sobre Na $S0_{24}$, filtrada e concentrada sob pressão reduzida para dar 1,20 g (T.W. 1,09 g) de uma mistura regioisomérica, Cpd 6b, como um óleo amarelo que foi utilizado diretamente sem purificação adicional.

Etapa C: Regioisómeros do Cpd 6c.

Clorofórmio de isobutilo (0,43 g, 3,15 mmol) foi adicionado puro a uma solução a 0°C contendo ácido 2-terc-butoxicarbonilamino-3-(4- terc-butoxifenil)-propiónico (1,21 g, 3,6 mmol; Advanced Chem Tech), N-metilmorfolina (362 µL, 3,3 mmol) e CH_2 CI_2 (60 mL). Após agitação de 1,5 h, adicionou-se Cpd 6b (1,09 g, 3 mmol) à mistura reacional. A mistura reacional foi então aquecida à temperatura ambiente e agitada durante 16 h. A mistura reacional foi então adsorvida em gel de sílica e cromatografada numa coluna de gel de sílica eluindo com 25% de acetato de etilo/hexano. As fracções desejadas foram combinadas e concentradas sob pressão reduzida para dar 715 mg (35%) de regioisómeros de Cpd 6c como um óleo límpido (TLC: 25% EtOAc/hexano R_f =0,3, homogéneo; HPLC: 100% a 254 e 214 nm, 7,51 min).

Etapa-D: Regioisómeros do Cpd 6d.

Aos regioisómeros de Cpd 6c (90 mg, 0,132 mmol) em 1,2-dimetoxietanc (2 mL) foi adicionado ácido fenil borónico (32,2 mg, 0,26 mmol) seguido de 2M Na $C0_{23}$ (aq) (0,53 mL, 1,06 mmol). A mistura resultante foi desgaseificada com N_2 durante 5 min e, em seguida, adicionou-se paládio tetraquis trifenilfosfina (53 mg, 0,046 mmol) puro. O recipiente de reação foi tapado e aquecido a 80°C durante 14 h com agitação rápida. Após arrefecimento à temperatura ambiente, a mistura foi seca sobre $MgS0_4$, filtrada através de dicalite e concentrada sob uma corrente de N_2 . O resíduo foi dissolvido numa pequena quantidade de EtOAc e cromatografado numa coluna de sílica gel (Eluente: 5% - 25% EtOAc/hexano). As fracções desejadas foram concentradas sob pressão reduzida para produzir 55 mg (61%) como mistura regioisomérica de Cpd 6d, que foi utilizada sem purificação adicional (TLC: 25% EtOAc/hexano Rf =0,3; HPLC: 100% a 254 nm; 88% a 214 nm, 6,50 min).

Etapa-E: 2-Amino-3-(4-hidroxifenil)-N-isopropil-N-(5-metil-4-fenil-1H- imidazol-2-ilmetil)-propionamida Trifluoroacetato (1:2).

Adicionou-se ácido trifluoroacético (1 mL) aos regioisómeros Cpd 6d (55 mg, 0,081 mmol) à temperatura ambiente. Após 6 h, o excesso de TFA foi removido sob uma corrente de N_2 . O resíduo foi dissolvido numa pequena quantidade de acetonitrilo e purificado por HPLC preparativa numa coluna YMC C18 100 x 20 mm. As fracções mais puras foram combinadas e liofilizadas para dar 37 mg (74%) do composto do título como um liofil branco (TLC: 5:1 $CHCl_3$:MeOH R_f =0,55, homogéneo; HPLC: 100% a 214 nm; HPLC/MS: m/z 393 (MH^+)). ^1H NMR (MeOH-d4) δ 0,85-0,9 (d, 3H), 1,2-1,25 (d, 3H), 2,45 (s, 3H), 3,05-3,1 (t, 2H), 4,0-4,15 (m, 1 H), 4,55-4,6 (d, 1 H), 4,7-4,85 (m, 2H), 6,65-6,7 (d, 2H), 6,95-7,0 (d, 2H), 7,45-7,6 (m, 5H).

Exemplo-7: Trifluoroacetato de (3,4-dicloro-benzil)-(4-fenil-1H-imidazol-2-ilmetil)-amina (1 :2)

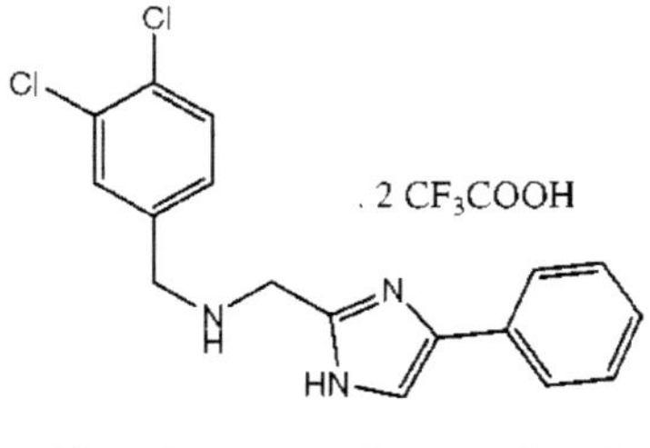

Cl Cl . 2 CF_3COOH N HN N H

Utilizando o procedimento descrito no Exemplo 5 e substituindo a isopropilamina por 3,4-dicloro-benzilamina, preparou-se (3,4-dicloro-benzil)-[4(5)-fenil-1-(2-trimetilsilanil-etoximetil)-1H-imidazol-2-ilmetil]-amina como um par de regioisómeros. Uma amostra (95 mg, 0,21 mmol) deste composto foi dissolvida em TFA (3 mL) à temperatura ambiente. Após 2 h, a mistura foi concentrada sob uma corrente de azoto. O resíduo foi purificado por HPLC de fase inversa, as fracções mais puras foram combinadas e liofilizadas para produzir o produto desejado (3,4-dicloro-benzil)-(4-fenil-1 H-imidazol-2-ilmetil)-amina como um liofil branco.

Seguindo o procedimento descrito no Exemplo 1, substituindo a Cpd 1d por (3,4-

dicloro-benzil)-(4(5)-fenil-1 H-imidazol-2-ilmetil)-amina, os compos:os da presente invenção podem ser sintetizados com os reagentes, matérias-primas e métodos de purificação adequados conhecidos dos peritos na matéria.

Exemplo-8: Éster metílico do ácido (S)-2-terc-butoxicarbonilamino-3-(2,6-dimetil-4-trifluoro metanossulfonilfenil)-propiónico (Esquema-13)

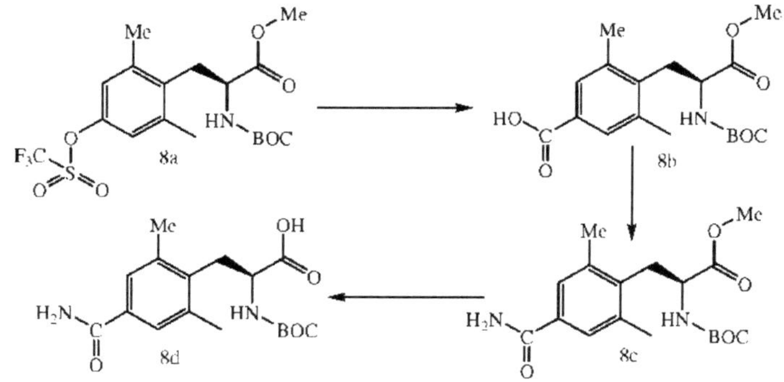

Etapa-A: (S)-2-terc-Butoxicarbonilamino-3-(2,6-dimetil-4-trifluorometano sulfonilfenil)-propiónico.

A uma solução fresca de Boc-L-(2,6-diMe)Tyr-OMe (7,0 g, 21,6 mmol; Fontes: Chiramer ou RSP AminoAcidAnalogues) e N-Feniltrifluorometanossulfonimida (7,9 g, 22,0 mmol) em diclorometano (60 mL) foi adicionada trietilamina (3,25 mL, 23,3 mmol). A solução resultante foi agitada a 0°C durante 1 h e lentamente aquecida até à temperatura ambiente. Após a conclusão, a reação foi extinta por adição de água. A fase orgânica separada foi lavada com solução aquosa de NaOH 1 N, água e seca sobre Na_2 SO_4 durante a noite. Após filtração e evaporação, o resíduo foi purificado por cromatografia em coluna flash (eluente: EtOAc-hexano: 3:7) para dar o produto desejado (9,74 g, 99%) como um óleo claro; ^{1}H RMN (300 MHz, $CDCl_3$): δ 1.36 (9H, s), 2.39 (6H, s), 3.06 (2H, d, J = 7.7 Hz), 3.64 (3H, s), 4.51-4.59 (1 H, m), 5.12 (1 H, d, J = 8.5 Hz), 6.92 (2H, s); MS (ES+) (intensidade relativa): 355,8 (100) $(M\text{-}Boc)^+$.

B. Ácido (S)-4-(2-terc-Butoxicarbonilamino-2-metoxicarbonil)-3,5-dimetilbenzóico.

A uma suspensão de éster metílico do ácido (S)-2-terc-butoxicarbonilamino-3- (2,6-dimetil-4- trifluorometanosulfonilfenil)-propiónico (9,68 g, 21,3 mmol), K2C03 (14.1

g, 0,102 mol), Pd(OAc)2 (0,48 g, 2,13 mmol) e 1,1'-bis(difenilfosfino)ferroceno (2,56 g, 4,47 mmol) em DMF (48 mL) foi borbulhado em CO gasoso durante 15 min. A mistura foi aquecida a 60°C durante 8 h com um balão de CO. A mistura arrefecida foi dividida entre NaHC03 e EtOAc, e filtrada. A camada aquosa foi separada, acidificada com uma solução aquosa de ácido cítrico a 10%, extraída com EtOAc e finalmente seca sobre Na2 S0 . A filtração e a concentração do filtrado resultaram num resíduo. O resíduo foi recristalizado a partir de EtOAc-hexanos para obter o produto desejado (7,05 g, 94%); 1H NMR (300 MHz, CDCl3): δ 1,36 (9H, s), 2.42 (6H, s), 3.14 (2H, J = 7.4 Hz), 3.65 (3H, s), 4.57-4.59 (1 H, m), 5.14 (1 H, d, J = 8.6 Hz), 7.75 (2H, s); MS(ES+) (intensidade relativa): 251,9 (100) (M-Boc)+.

Etapa C: Éster metílico do ácido (S)-2-fert-butoxicarbonilamino-3-(4-carbamoil-2,6-dimetilfenil)-propiónico.

A uma solução agitada de ácido (S)-4-(2-terc-butoxicarbonilamino-2-metoxi-carboniletil)-3,5-dimetilbenzóico (3,00 g, 8,54 mmol), PyBOP (6.68 g, 12,8 mmol) e HOBt (1,74 g, 12,8 mmol) em DMF (36 mL) foi adicionado DIPEA (5,96 mL, 34,2 mmol) e NH_4 CI (0,92 g, 17,1 mmol). A mistura resultante foi agitada à temperatura ambiente durante 40 minutos antes de ser dividida entre uma solução aquosa de NH_4 CI e EtOAc. A fase orgânica separada foi lavada sequencialmente com uma solução aquosa de ácido cítrico 2N, uma solução aquosa saturada de $NaHC0_3$ e salmoura, sendo depois seca sobre Na $S0_{24}$ durante a noite. Após filtração e concentração, o resíduo foi purificado por cromatografia em coluna flash (eluente: EtOAc) para obter o produto. (3,00 g, 100%);[1] H NMR (300 MHz, CDCl3): δ 1,36 (9H, s), 2,39 (6H, s), 3,11 (2H, J = 7,2 Hz), 3,65 (3H, s), 4,53-4.56 (1 H, m), 5.12 (1 H, d, J = 8.7 Hz), 5.65 (1 H, br s), 6.09 (1 H, br s), 7.46 (2H, s); MS(ES+) (intensidade relativa): 250,9 (100) $(M\text{-}Boc)^+$.

Etapa-D: (S)-2-terc-Butoxicarbonilamino-3-(4-carbamoil-2,6-dimetilfenil) ácido propiónico.

A uma solução arrefecida com gelo do éster metílico do passo C (2,99 g, 8,54 mmol) em THF (50 mL) foi adicionada uma solução aquosa de LiOH (1 N, 50 mL) e agitada a 0°C. Após o consumo dos materiais de partida, os solventes orgânicos foram removidos e a fase aquosa foi neutralizada com HCI 1 N arrefecido a 0°C, extraída com EtOAc e seca sobre Na S θ_{24} durante a noite. A filtração e a evaporação até à secura conduziram ao ácido do título (S)-2-terc-butoxicarbonilamino-3-(4-carbamoil-2,6-dimetilfenil)-ácido propiónico (2,51 g, 87%);[1] H RMN (300 MHz, DMSO-d6): δ 1,30 (9H, s), 2,32 (6H, s), 2,95(1 H, dd, J = 8,8, 13,9 Hz), 3,10 (1 H, dd, J = 6,2, 14,0 Hz), 4,02-4,12 (1 H, m), 7,18-7,23 (2H, m), 7,48 (2H, s), 7,80 (1 H, s); MS(ES+) (intensidade relativa): 236,9 (6) $(M\text{-}Boc)^+$.

Exemplo-9: Ácido 5-({[2-amino-3-(4-carbamoil-2,6-dimetilfenil)-propionil]-[1- (4-fenil- 1 H-imidazol-2-il)-etil]-amino}-metil)-2-metoxibenzóico (esquema-14)

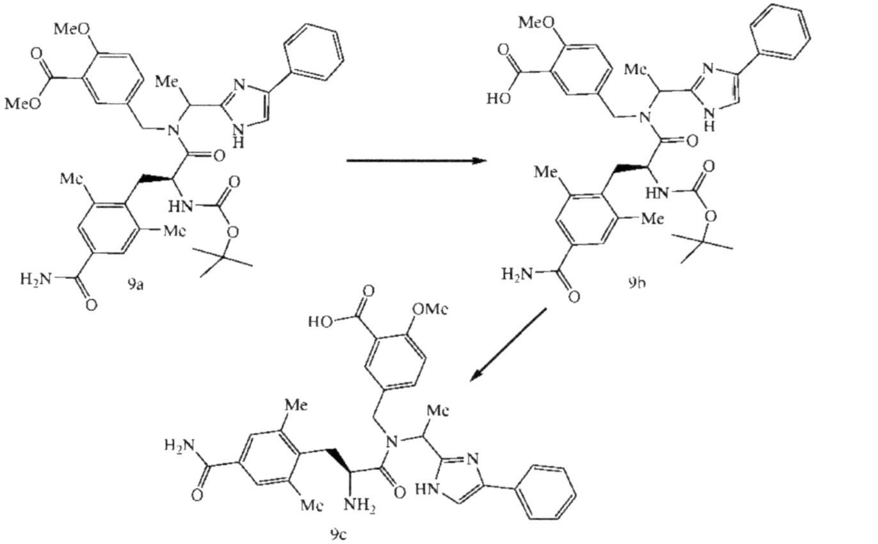

9a

9b

9c

Passo-A : Éster metílico do ácido 2-metoxi-5-{[1-(4-fenil-1H-imidazol-2-il)-etilamino] -metil}-benzoico.

Utilizando os procedimentos descritos para o Exemplo 3, substituindo o éster metílico do ácido 5-formil-2-metoxibenzóico (WO 02/22612) pelo 3,4-dimetoxibenzaldeído, foi preparado o éster metílico do ácido 2- metoxi-5 -{[1 -(4-fenil-1 H-imidazol-2-il)-etilamino] -metil} -benzoico.

Etapa B: Éster metílico do ácido 5-({[2-terc-Butoxicarbonilmetil-3-(4-carbamoil-2,6-dimetilfenil)-propionil]-[1-(4-fenil-1H-imidazol-2-il)-etil]-amino}-metil)-2-metoxi-benzoico.

Utilizando o procedimento do Exemplo 1 para a conversão do Cpd 1d em Cpd 1e, substituindo o éster metílico do ácido 2-metoxi-5 -{[1 -(4-fenil-1 H-imidazol-2-il)-etilamino] -metil} -benzoico pelo Cpd 1d e substituindo o ácido 2-terc-butoxicarbonilamino-3- (4-carbamoil-2,6-dimetil-fenil-propiónico do Exemplo 8 no lugar do ácido 2-terc-butoxicarbonilamino-3-(4-hidroxi-2,6-dimetil-fenil)-propiónico, preparou-se o Cpd 9a.

Etapa C: Ácido 5-({[2-terc-butoxicarbonilamino-3-(4-carbamoil-2,6-dimetilfenil)-propionil]-[1-(4-fenil-1H-imidazol-2-il)-etil]-amino}-metil)-2-metoxibenzóico.

O éster metílico do ácido 5-({[2-terc-butoxicarbonilmetil-3-(4-carbamoil-2,6-dimetil-fenil)-propionil]-[1 -(4-fenil-1H-imidazol-2-il)-etil]-amino} -metil)-2-metoxi-benzoico foi dissolvido num sistema de solventes mistos de THF (10 mL) e MeOH (5 mL), arrefecido a gelo (0-10°C). Uma suspensão de LiOH H_2 0/água (2,48 M; 3,77 mL) foi adicionada gota a gota, depois a reação foi deixada aquecer à temperatura ambiente e agitada durante a noite. A mistura resultante foi arrefecida num banho de gelo e a solução básica foi neutralizada com ácido cítrico 2N até ficar ligeiramente ácida. A mistura foi concentrada sob pressão reduzida para remover os materiais voláteis, após o que a fase aquosa remanescente foi extraída com EtOAc (3 x 26 mL). Estas fases orgânicas combinadas foram secas sobre $MgS0_4$, filtradas e concentradas sob pressão reduzida para dar 2,26 g (146% da teoria) de sólido branco amarelado pálido. Este material em bruto foi dissolvido numa solução a 10% de MeOH/CH_2 CI_2 e adsorvido em 30 g de sílica. O material adsorvido foi dividido e cromatografado numa coluna de fase normal ISCO em duas passagens, utilizando uma coluna Redi-Sep de 40 g em ambas as passagens. O sistema solvente foi um sistema gradiente MeOH/CH_2 CI, como se segue: Inicialmente 100% CH_2 CI_2 , 98%-92% durante 40 min; 90% durante 12 min, e depois 88% durante 13 min. O produto desejado eluiu de forma limpa entre 44-61 min. As fracções desejadas foram combinadas e concentradas sob pressão reduzida para produzir 1,74 g (113% da teoria) de ácido 5-({[2-terc-butoxicarbonilamino-3-(4-carbamoil-2,6-dimetilfenil)-propionil]-[1-(4-fenil-1H-imidazol-2-il)-etil]-amino}-metil)-2-metoxibenzóico, Cpd 9b, como um sólido branco.

Etapa-D:Ácido 5-({[2-amino-3- (4-carbamoil-2,6-dimetilfenil)-propionil]-[1-(4- fenil-1H-imidazol-2-il)-etil]-amino}-metil)-2-metoxibenzóico.

Uma porção de Cpd 9b (0,27 g, 0,41 mmol) foi dissolvida em EtOAc (39 mL)/ THF (5 mL), filtrada e subsequentemente tratada com HCI gasoso durante 15 min. Após a conclusão da adição de HCI, a reação foi lentamente aquecida até à temperatura ambiente e formou-se um precipitado sólido. Após 5 h, a reação parecia estar >97% completa por LC (@214nm; 2,56 min.). A agitação foi continuada durante 9d, depois o sólido foi recolhido e lavado com uma pequena quantidade de EtOAc. O sólido resultante foi seco sob alto vácuo e sob refluxo de tolueno durante 2,5 h para obter 0,19 g (71%) do Cpd 9c desejado como um sal di-HCI sólido branco.

Exemplo 10: Sal di-hidrocloreto do ácido 4-({[2-amino-3- (4-hidroxi-2,6-dimetil-fenil) -propionil]-[1-(4-fenil-1H-imidazol-2-il)-etil]-amino}-metil)-benzoico:

.2HCl

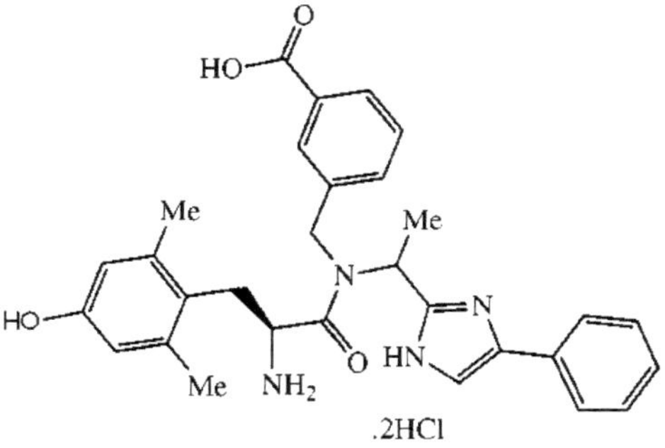

Etapa A: Éster metílico do ácido 4-{[1 -(4-fenil-1 H-imidazol-2-il)-etilamino]-metil}-benzoico. Utilizando o procedimento descrito para o Exemplo 3, substituindo o éster metílico do ácido 4-formilbenzóico pelo 3,4-dimetoxibenzaldeído, preparou-se o éster metílico do ácido 4-{[1-(4- fenil-1H-imidazol-2-il)-etilamino]-metil}-benzoico.

Etapa B: Éster metílico do ácido 4-({[2-amino-3-(4-hidroxi-2,6-dimetilfenil)-propionil]-[1-(4- fenil- 1 H-imidazol-2-il)-etil]-amino}-metil)-benzoico.

O éster metílico do ácido 4-{[1-(4-fenil-1H-imidazol-2-il)-etilamino]-metil}-benzoico foi substituído pelo Cpd 1d do Exemplo 1 e elaborado de acordo com o procedimento do Exemplo 1 para preparar o produto.

Etapa C: Ácido 4-({[2-amino-3-(4-hidroxi-2,6-dimetil-fenil)-propionil]-[1-(4- fenil-1H-imidazol-2-il)-etil]-amino}-metil)-benzoico. Uma solução de éster metílico do ácido 4-({[2-amino- 3-(4-hidroxi-2,6-dimetil-fenil)-propionil]-[1-(4-fenil-1H-imidazol-2-il)-etil]-amino}-meti)-benzoico (sal TFA), (0,043 g,.0,067 mmol) em 5 mL de THF foi arrefecida num banho de gelo. Foi adicionada uma solução aquosa 3M de LiOH (5 mL) fria (5- 10°C) e a mistura reacional foi agitada vigorosamente enquanto fria. Adicionou-se HCI aquoso 2M (7,5 mL) arrefecido (5-10°C), gota a gota, para neutralizar a mistura, agitou-se durante 5 min e depois concentrou-se parcialmente no vácuo sem aquecimento. A suspensão aquosa resultante foi extraída sete vezes com EtOAc. Os extractos foram secos sobre Na_2 SO_4 , filtrados e concentrados para obter 0,030 g de ácido 4-({[2-amino- 3-(4-hidroxi-2,6-dimetil-fenil)-propionil]-[1-(4-fenil-1H-imidazol-2-il)-etil]- amino}-metil)-benzoico como um pó branco. O material foi absorvido em EtOH e tratado com 1 M HCI em Et_2 θ. A solução foi concentrada e o resíduo foi triturado com CH_3 CN. Uma amostra de 0,021 g (53%) de ácido 4-({[2-amino-3- (4-hidroxi-2,6-dimetil-fenil)-propionil]-[1-(4-fenil-1 H-imidazol-2-il)-etil]- amino}-metil)-benzoico foi recolhida como sal HCI. MS (ES^+) (intensidade relativa): 513.2 (100) (M+1).

Example-11: 3-({[2-Amino-3-(4-hydroxy-2,6-dimethyl-phenyl)-propionyl]-[1-(4-phenyl- 1H-imidazol-2-yl)-ethyl]-amino}-methyl)-benzamide (Scheme-15):

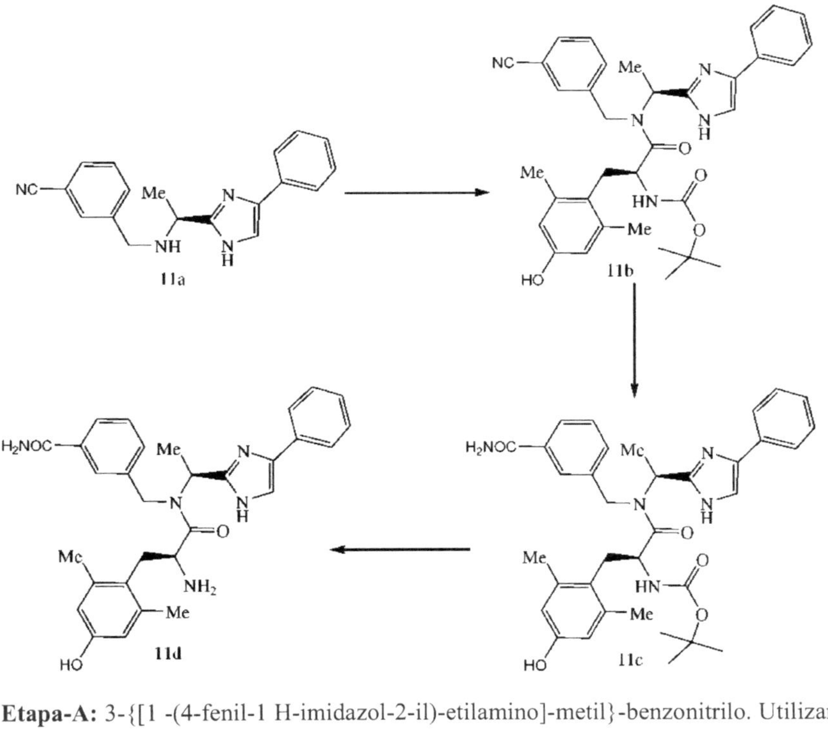

Etapa-A: 3-{[1 -(4-fenil-1 H-imidazol-2-il)-etilamino]-metil}-benzonitrilo. Utilizando o procedimento descrito para o Exemplo 3, substituindo o 3,4-dimetoxibenzaldeído por 3-formil-benzonitrilo, o produto foi preparado.

Etapa B: Éster terc-butílico do ácido [1-{(3-ciano-benzil)-[1 -(4-fenil-1 H-imidazol-2-il)-etil]-carbâmico}- 2-(4-hidroxi-2,6-dimetil-fenil)-etil]-carbâmico. O 3-{[1 -(4- fenil-1 H-imidazol-2-il)-etilamino]-metil}-benzonitrilo foi substituído pelo Cpd 1d do Exemplo 1 e elaborado de acordo com o procedimento do Exemplo 1 para preparar o produto.

Etapa C : Éster terc-butílico do ácido [1-{ (3-carbamoil-benzil)-[1 -(4-fenil-1 H-imidazol-2-il)-etil]-carbamoil}-2-(4-hidroxi-2,6-dimetil-fenil)-etil]-carbâmico. Uma solução de éster terc-butílico do ácido [1-{ (3-ciano-benzil)-[1-(4-fenil-1 H-imidazol-2-il)-etil]-carbamoil}- 2-(4-hidroxi-2,6-dimetil-fenil)-etil]-carbâmico (0,070 g, 0,12 mmol) em 3 mL de EtOH foi tratada com 1,0 mL de peróxido de hidrogénio a 30% seguido imediatamente por 0,1 mL de uma solução aquosa 6M de NaOH. A mistura reacional foi agitada vigorosamente durante 18 h e extinta por vazamento em água refrigerada (510°C). A solução aquosa foi extraída cinco vezes com Et_2 0 e os extractos combinados foram secos sobre $MgSO_4$, filtrados e concentrados para obter 0.051 g de éster terc-butílico do ácido [1 -{(3-carbamoil-benzil)-[1-(4-fenil-1H-imidazol-2-il)-etil]-carbamoil}-2-(4-hidroxi-2,6-dimetil-fenil)-etil]-carbâmico como resíduo incolor (HPLC: 84% a 254 nm e 77% a 214 nm). MS (ES^+) (intensidade relativa): 612.5 (100) (M+1). Esta amostra era de qualidade suficiente para ser utilizada na reação seguinte sem purificação adicional.

Step-D: 3-({[2-Amino-3-(4-hydroxy-2,6-dimethyl-phenyl)-propionyl]-[1-(4- phenyl-1H-imidazol-2-yl)-ethyl]-amino} -metil)-benzamida. O éster terc-butílico do ácido [1-{(3-carbamoil-benzil)-[1 - (4-fenil-1H-imidazol-2-il)-etil]-carbamoil}-2-(4-hidroxi-2,6-dimetil-fenil)-etil]-carbâmico pode ser desprotegido por BOC utilizando o procedimento descrito no Exemplo 1 para a conversão de Cpd 1e em Cpd 1f para obter o composto do título.

Example-12: 4-{2-Amino-2-[{1-[4-(2-cyano-phenyl)-1H-imidazol-2-yl]-ethyl}-(3,4-dimethoxy-benzyl)-carbamoyl]-ethyl}-3,5-dimethyl-benzamide (Scheme-16):

Etapa-A: {1-[2-(2-Bromo-fenil)-2-oxo-etilcarbamoil]-etil}-ácido carbâmico éster terc-butílico

O composto 2a foi preparado de acordo com o Exemplo 1, utilizando os reagentes, os materiais de base e os métodos adequados conhecidos pelos peritos na matéria.

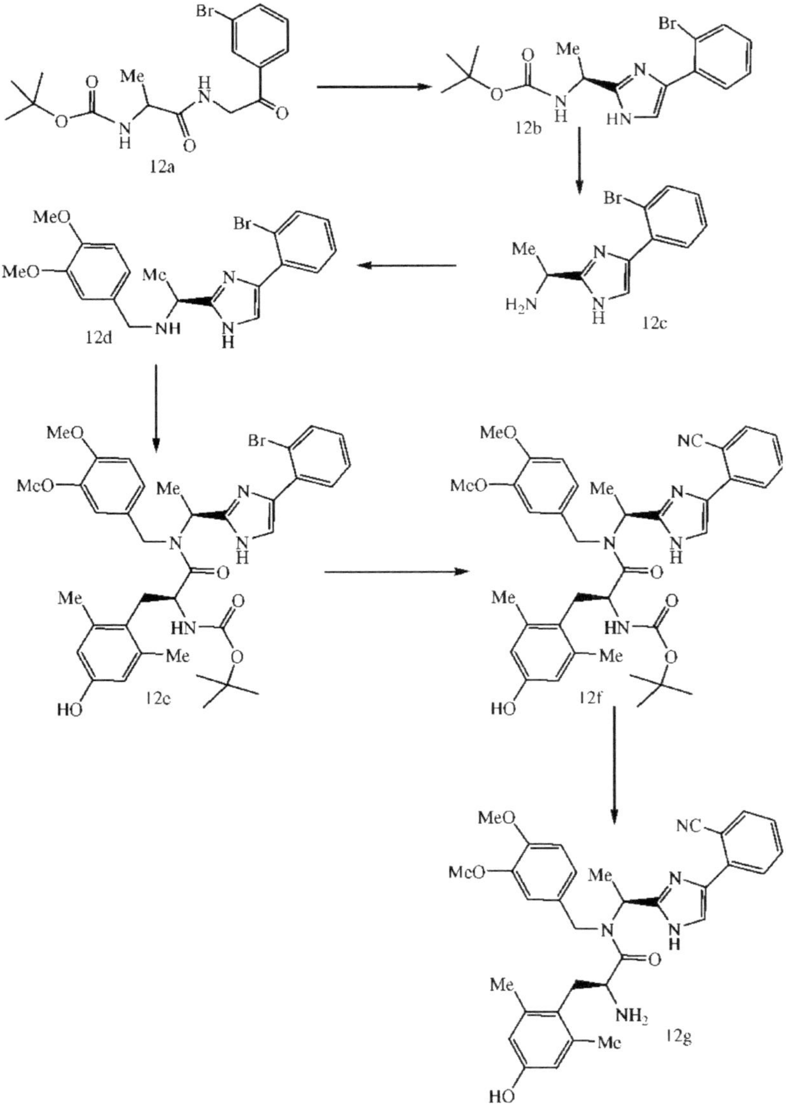

12a

12b

12c

12d

12e

12f

12g

Etapa B: {1 -[4-(2-Bromofenil)-1 H-imidazol-2-il]-etil}-éster tertbutílico do ácido carbâmico

Seguindo o procedimento descrito no Exemplo 1 para a conversão da Composta 1a na Composta 1bA e utilizando os reagentes e métodos adequados conhecidos pelos peritos na matéria, foi preparada a Cpd 12b.

Step-C: 1-[4-(4-Bromo-phenyl)-1H-imidazol-2-yl]-ethylamine.

Utilizando o procedimento descrito para a conversão do Cpd 1e em 1f, foi preparado o composto 12c.

Etapa-D: Éster terc-butílico do ácido [1-[{1-[4-(2-bromofenil)-1H-imidazol-2-il]-etil}-(3,4- dimetoxi-benzil)-carbamoíl]-2-(4-carbamoíl-2,6-dimetil-fenil)-etil]-carbâmico

Utilizando o procedimento descrito no Exemplo 9, Etapa D, e substituindo 1-[4-(4-bromo-fenil)-1 H-imidazol-2-il] -etilamina por 1 -(4-fenil-1 H-imidazol-2-il)-etil-amina, o produto foi preparado.

Etapa-E: {2-(4-Carbamoil-2,6-dimetilfenil)-1 -[{1 -[4-(2-ciano-fenil)- 1H- imidazol-2-il]-etil}-(3,4-dimetoxi-benzil)-carbamoil]-etil}-éster terc-butílico do ácido carbâmico.

A uma solução de éster terc-butílico de [1-[{1-[4-(2-bromofenil)-1H-imidazol-2-il]-etil}-(3,4- dimetoxi-benzil)-carbamoil]-2-(4-carbamoil-2,6-dimetilfenil)-etil]-carbamoilácido (294 mg; 0,4 mmol) em DMF (2 mL) foi adicionado $Zn(CN)_2$ (28 mg; 0,24 mmol). A mistura resultante foi desgaseificada com árgon durante 5 min, depois adicionou-se Pd(PPh)$_{34}$ (92 mg; 0,08 mmol) puro e o sistema foi imediatamente aquecido a 100°C. Após aquecimento durante 6 h, a reação foi arrefecida até à temperatura ambiente e dividida entre EtOAc e água. A fase orgânica foi seca sobre Na_2 SO_4 , filtrada e concentrada sob pressão reduzida. O material em bruto foi submetido a HPLC de fase inversa (água/acetonitrilo/ 0,1 % TFA). As fracções de interesse foram combinadas, basificadas com NaHCO aquoso saturado$_3$ e extraídas duas vezes com EtOAc. Os extractos de EtOAc foram combinados, secos sobre Na Sθ$_{24}$, filtrados e concentrados para obter 146 mg (54%) do éster terc-butílico do ácido {2-(4-carbamoil-2,6-dimetil-fenil)-1-[{1- [4-(2-cy ano-phenyl)-1 H-imidazol-2-yl] -ethyl }-(3,4-

dimethoxy- benzyl)-carbamoyl]-ethyl}-carbamic desejado (HPLC: 96% a 254 nm e 97% a 214 nm). Esta amostra era de qualidade suficiente para ser utilizada na reação seguinte sem purificação adicional.

Etapa-F: 4-{2-Amino-2-[{1 -[4-(2-cyano-phenyl)-1 H-imidazol-2-yl]-ethyl}- (3,4-dimethoxy-benzyl)-carbamoyl]-ethyl}-3,5-dimethyl-benzamide.

O éster terc-butílico do ácido {2-(4-carbamoil-2,6-dimetil-fenil)-1 -[{1 -[4-(2-ciano-fenil)-1 H-imidazol-2-il]-etil}-(3,4-dimetoxi-benzil)-carbamoil]-etil}-carbâmico pode ser desprotegido com BOC utilizando o procedimento descrito no Exemplo 1 para a conversão de Cpd 1e em Cpd 1f para obter o composto do título.

Example-13: 3-(2-{1-[[2-Amino -3-(4-carbamoyl-2,6-dimethyl-phenyl)-propionil]-(3,4-dimetoxi-benzil)-amino]-etil}-1H-imidazol-4-il)-ácido benzoico (Esquema-17):

Step-A: 1-[4-(3-Bromo-phenyl)-1H-imidazol-2-yl]-ethylamine.

Utilizando o procedimento descrito no Exemplo 12, e os materiais de partida e reagentes adequadamente substituídos, preparou-se a 1-[4-(3-bromofenil)-1H-imidazol-2-il]-etilamina.

Step-B: {1-[4-(3-Bromo-phenyl)-1H-imidazol-2-yl]-ethyl}-(3,4-dimethoxy-benzil)-amina.

Utilizando o procedimento descrito no Exemplo 3, e substituindo 1 -[4-(3-bromo-fenil)-1 H-imidazol-2-il]-etilamina por 1 -(4-fenil-1 H-imidazol-2-il)-etil-amina, o produto foi preparado.

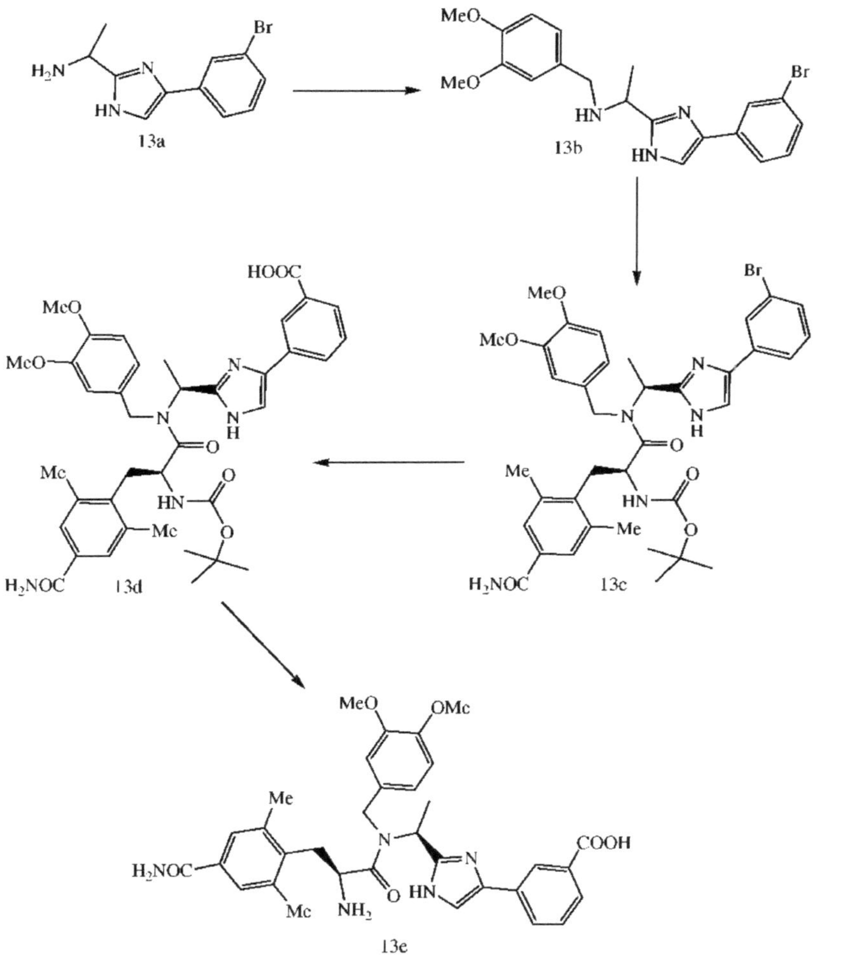

13a

13b

13c

13d

13e

Etapa C: Éster terc-butílico do ácido [1-[{1-[4-(3-bromofenil)-1H-imidazol-2-il]-etil}-(3,4- dimetoxi benzil)-carbamoílo]-2-(4-carbamoílo-2,6-dimetilfenil)-etil]-carbâmico

Utilizando o procedimento do Exemplo 1 para a conversão de Cpd 1d em Cpd 1e, substituindo {1-[4-(3-Bromo-fenil)-1H- imidazol-2-il]-etil}-(3,4-dimetoxi-benzil)-amina por Cpd 1d e substituindo o ácido 2-terc-butoxicarbonilamino-3-(4-carbamoil-2,6-dimetil-fenil-propiónico do Exemplo 8 no lugar do ácido 2-terc-butoxicarbonilamino-3-(4-hidroxi-2,6-dimetil-fenil)-propiónico, obtém-se o produto.

Etapa D: Ácido 3-(2-{1-[[2-tert-butoxicarbonilamino-3-(4-carbamoil-2,6-dimetil-fenil)-propionil]-(3,4-dimetoxi-benzil)-amino]-etil}-1H-imidazol-4-il)-benzoico.

A uma solução de éster terc-butílico do ácido [1-[{1-[4-(3-bromofenil)-1H- imidazol-2-il]-etil}-(3,4- dimetoxi-benzil)-carbamoil]-2-(4-carbamoil-2,6-dimetil-fenil)-etil]-carbâmico (290 mg; 0.40 mmol) em DMF (5mL) foi adicionado K_2 CO_3 (262 mg; 1,9 mmol) e a mistura resultante foi desgaseificada com árgon durante 5 min. Nesta altura, adicionou-se $Pd(OAc)_2$ (8,9 mg; 0,04 mmol) e 1,1-bis(difenilfosfino) ferroceno (46 mg; 0,083 mmol). Em seguida, borbulhou-se monóxido de carbono através da mistura resultante durante 10 minutos à temperatura ambiente, tapou-se a reação e aqueceu-se a 100 °C durante 6 h. Após arrefecimento à temperatura ambiente, a mistura foi dividida entre EtOAc e água, filtrada através de Celite e separada. A fase aquosa foi então lavada com uma segunda porção de EtOAc. A fase aquosa foi então acidificada a pH 5 com ácido cítrico 2N e a solução aquosa resultante foi extraída com EtOAc (4x). Estes últimos extractos de EtOAc foram combinados, secos sobre Na $S\theta_{24}$, filtrados e concentrados sob pressão reduzida para dar o produto em bruto (HPLC: 87% a 254 nm).

Etapa-E: Ácido 3-(2-{1-[[2-Amino-3-(4-carbamoil-2,6-dimetil-fenil)-propionil]-(3,4- dimetoxi-benzi-aminoJ-etil-1H-imidazol-4-il)-benzoico.

O ácido 3-(2-{1-[[2-terc-Butoxicarbonilamino-3-(4-carbamoil-2,6-dimetilfenil)-propionil]-(3,4-dimetoxi-benzil)-amino]-etil}-1H-imidazol-4-il)-benzoico pode ser desprotegido com BOC utilizando o procedimento descrito no Exemplo 1 para a conversão de Cpd 1e em Cpd 1f para dar o composto do título.

Example-14: 4-(2-Amino-2-{[2-hydroxy-1-(4-phenyl-1H-imidazol-2-yl)-ethyl]-isopropil-carbamoil}-etil)-3,5-dimetil-benzamida (Esquema-18):

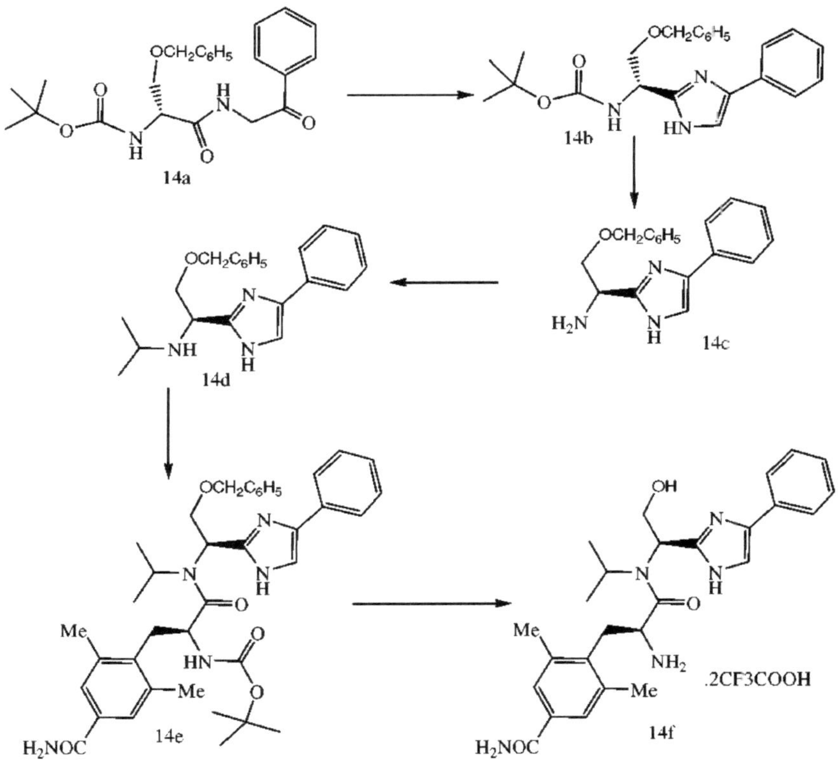

Etapa A: Éster terc-butílico do ácido [2-benziloxi-1 -(2-oxo-2-fenil-etilcarbamoil-etil]-carbâmico

O produto foi preparado utilizando o procedimento descrito no Exemplo 1 e substituindo o éster benzílico de N-α-BOC-L-serina por N-α-CBZ-L-alanina.

Etapa B: Éster terc-butílico do ácido [2-benziloxi-1-(4-fenil-1H-imidazol-2-il-etil]-carbâmico

De acordo com o procedimento descrito no Exemplo 1 para a conversão de Cpd 1a em Cpd 1b, o éster terc-butílico do ácido [2- benziloxi-1-(2-oxo-2-fenil-etilcarbamoil-etil]-carbâmico foi convertido no produto.

Etapa C: [2-Benziloxi-1-(4-fenil-1r -imidazol-2-il-etilamina.

O éster terc-butílico do ácido [2-benziloxi-1 -(4-fenil-1H-imidazol-2-il-etil]-carbâmico pode ser desprotegido com BOC, utilizando o procedimento descrito no Exemplo 1 para a conversão de Cpd 1e em Cpd 1f, para obter o produto.

Etapa D: [2-Benziloxi-1 -(4-fenil-1 H-imidazol-2-il-etil]-isopropil-amina.

Pelo procedimento descrito no Exemplo 1 para a conversão de Cpd 1c em Cpd 1d, a [2-benziloxi-1-(4-fenil-1H-imidazol-2-il-etilamina foi convertida no produto.

Etapa-E: Éster terc-butílico do ácido [1 -{[2-benziloxi-1 -(4-fenil-1 H-imidazol-2-il)-etil]-isopropil-carbamoíl}-2-(4-carbamoíl-2,6-dimetil-fenil)-etil]-carbâmico

Utilizando o procedimento do Exemplo 1 para a conversão do Cpd 1d em Cpd 1e, substituindo a [2-benziloxi-1-(4-fenil-1H-imidazol-2-il-etil]-isopropil-amina pelo Cpd 1d e substituindo o ácido 2-terc-butoxicarbonilamino-3-(4-carbamoil- 2,6-dimetil-fenil-propiónico do Exemplo 8 no lugar do ácido 2-terc-butoxicarbonilamino-3-(4-hidroxi-2,6-dimetil-fenil)-propiónico, obtém-se o produto.

Etapa-F: 4-(2-Amino-2-{[2-hidroxi-1-(4-fenil-1H-imidazol-2-il)-etil]-isopro- pil-carbamoil}-etil)-3,5-dimetil-benzamida (sal TFA).

Uma solução de éster terc-butílico do ácido [1-{[2-benziloxi-1 -(4-fenil-1 H-imidazol-2-il)-etil]-isopropil-carbamoil}-2-(4-carbamoil-2,6-dimetil-fenil)-etil]-carbâmico, (0.287 g, 0,439 mmol), em clorofórmio (10 mL) foi arrefecido num banho de gelo e tratado com 0,62 mL (4,4 mmol) de iodotrimetilsilano. A reação, que turvou imediatamente, foi aquecida lentamente até à temperatura ambiente enquanto se agitava. Após 16 h, a reação foi arrefecida num banho de gelo até 5-10°C e tratada com 100 mL de MeOH. A mistura arrefecida foi agitada a 5-10°C durante 30 min, retirada do banho de gelo e agitada durante mais 30 min, e concentrada no vácuo para obter 0,488 g de resíduo laranja que foi submetido a HPLC de fase inversa (água/acetonitrilo / 0,1% TFA). As fracções de interesse foram combinadas e a amostra foi liofilizada para obter 0,150 g (59%) de 4-(2-amino-2-{[2-hidroxi-1 -(4-fenil- 1H-imidazol-2-il)-etil]-isopropil-carbamoil}-etil)-3,5-dimetil-benzamida (sal TFA) como um pó branco (HPLC: 99% a 254 nm e 100% a 214 nm). MS (ES^+) (intensidade relativa): 464.1 (100) (M+1).

Exemplo 15 Ácido (S)-2-fert-butoxicarbonilamino-3-(4-carbamoil-2,6-dimetil-fenil)-propiónico (Esquema-19):

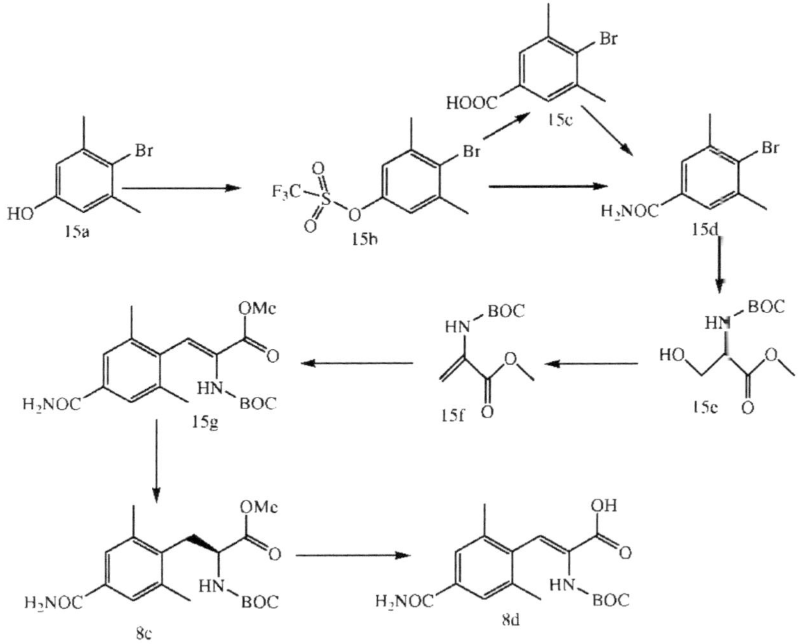

Etapa-A: éster 4-bromo-3,5-dimetil-fenílico do ácido trifluorometanossulfónico.

A uma solução arrefecida (0 °C) de 4-bromo-3,5-dimetilfenol (3,05 g, 15,2 mmol) em piridina (8 mL) foi adicionado anidrido trifluorometanossulfónico (5,0 g, 17,7 mmol) gota a gota. Após a conclusão da adição, a mistura resultante foi agitada a 0 C durante 15 min e depois à temperatura ambiente durante a noite. A reação foi extinta por adição de água e depois extraída com EtOAc. Os extractos orgânicos foram lavados sequencialmente com água, HCI 2N (2x), salmoura e, em seguida, secos sobre MgS θ_4 . A filtração e a evaporação até à secura permitiram obter o Composto 15b (5,30 g, 95%) como um óleo incolor. ^{1}RMN de H (300 MHz, CDCl3): δ 2,45 (6H, s), 7,00 (2H, s).

Etapa B: Ácido 4-bromo-3,5-dimetilbenzóico.

A uma solução do Composto 15b (6,57 g, 19,7 mmol) em DMF (65 mL) foram adicionados K_2 C03 (13,1 g, 94,7 mmol), $Pd(OAc)_2$ (0,44 g, 1,97 mmol), e 1 ,1 '-bis(difenilfosfino)ferroceno (2,29 g, 4,14 mmol). A mistura resultante foi borbulhada em CO gasoso durante 10 min e foi aquecida a 60°C durante 7,5 h com um balão de CO($_9$). A mistura arrefecida foi dividida entre NaHCO aquoso$_3$ e EtOAc, e filtrada. A fase aquosa foi separada, acidificada com HCI 6N aquoso, extraída com EtOAc e finalmente seca sobre Na Sθ24 . A filtração e a concentração do filtrado resultaram no composto 15c em bruto como um resíduo castanho, que foi utilizado na etapa seguinte sem purificação adicional.

Etapa C: 4-Bromo-3,5-dimetil-benzamida.

A uma suspensão do Composto 15c em DCM (40 mL) foi adicionado $SOCI_2$ (3,1 mL, 42 mmol) e a mistura foi aquecida a refluxo durante 2 h. Após a remoção do solvente por evaporação, o resíduo foi dissolvido em DCM (40 mL) e foi adicionado hidróxido de amónio (28% NH_3 em água, 2,8 mL). A mistura foi aquecida a 50°C durante 2 h e concentrada. O resíduo foi diluído com H_2 0, extraído com EtOAc, e a porção orgânica foi seca sobre Na S024 . Após filtração e evaporação, o resíduo foi purificado por cromotagrafia em coluna flash (eluente: EtOAc) para obter o Composto 15d (2,90 g, 65% em 2 etapas) como um sólido esbranquiçado. ^{1}RMN de H (300 MHz, CD_3CN): δ 2,45 (6H, s), 5,94 (1 H, br s), 6,71 (1 H, br s), 7,57 (2H, s); MS(ES^+)(intensidade relativa): 228.0 (100%) (M+1). Método B: Uma mistura do Composto 15b (3,33 g, 10 mmol), $PdCI_2$ (0,053 g, 0,3 mmol), hexametildisilazano (HMDS, 8,4 mL, 40 mmol) e dppp (0,12 g, 0,3 mmol) foi borbulhada com CO gasoso durante 5 min e depois agitada num balão de CO a 80°C durante 4 h. À mistura reacional foi adicionado MeOH (5 mL). A mistura foi agitada durante 10 min, diluída com 2N H S024 (200 mL), e depois extraída com EtOAc. O extrato de EtOAc foi lavado com $NaHC0_3$ aquoso saturado, salmoura e depois seco sobre Na S θ24 . A filtração e a evaporação do filtrado resultante deram origem a um resíduo, que foi purificado por cromatografia em coluna flash (eluente: EtOAc) para dar o Composto 15d (1,60 g, 70%) como um sólido branco.

Etapa-D: Éster metílico do ácido 2-tert-butoxicarbonilaminoacrílico.

A uma suspensão de éster metílico de N-Boc-serina (Cpd 15e, 2,19 g, 10 mmol) e EDC (2,01 g, 10,5 mmol) em DCM (70 mL) foi adicionado CuCI (1,04 g, 10,5 mmol). A mistura reacional foi agitada ao rt durante 72 h. Após remoção do solvente, o resíduo foi diluído com EtOAc, lavado sequencialmente com água e salmoura e depois seco sobre $MgS0_4$. O produto em bruto foi purificado por cromatografia em coluna flash (eluente: EtOAc:hexano ~1 :4) para obter o Composto 15e (1,90 g, 94%) como um óleo incolor. ^{1}RMN de H (300 MHz, $CDCl_3$): δ 1,49 (9H, s), 3,83 (3H, s), 5,73 (1 H, d, J = 1,5

Hz), 6,16 (1 H, s), 7,02 (1 H, s).

Etapa-E: Éster metílico do ácido (Z)-2-terc-butoxicarbonilamino-3-(4-carbamoil-2,6-dimetilfenil)-acrílico.

Um balão carregado com o composto 15d (0,46 g, 2,0 mmol), composto 15f (0,80 g, 4,0 mmol), tri-o-tolilfosfina (0,098 g, 0,32 mmol), DMF (8 mL) foi purgado com N_2 três vezes. Após a adição de tris(dibenzilidenoacetona)dipaládio (0) (0,074 g, 0,08 mmol) e TEA (0,31 mL, 2,2 mol), a mistura reacional foi aquecida a 110°C durante 24 h. Nessa altura, a reação foi extinta por adição de água e depois extraída com EtOAc. A fase orgânica foi lavada com HCI 1N, $NaHC0_3$ aquoso saturado, salmoura e seca sobre $MgS0_4$. A mistura foi concentrada até se obter um resíduo, que foi purificado por cromatografia em coluna flash (eluente: EtOAc:hexano~1 :1 para EtOAc apenas) para dar o Composto 15g (0,40 g, 57%) como um sólido branco. ^{1}RMN de H (300 MHz, CD3OD): δ 1,36 (9H, s), 2,26 (6H, s), 3,83 (3H, s), 7,10 (1 H, s), 7,56 (2H, s);^{13} RMN de C (75 MHz, DMSO-d_6): δ 17.6, 25.7, 50.2, 78.7, 124.9, 126.4, 128.3, 131.2, 135.2, 135.5, 152.8, 164.3, 169.6; MS (ES^+) (intensidade relativa): 349.1 (38%)(M+1).

Etapa-F: Éster metílico do ácido (S)-2-terc-butoxicarbonilamino-3-(4-carbamoil-2,6-dimetilfenil)-propiónico.

A um reator carregado com uma solução do Composto 15g (0,56 g, 1,6 mmol) em MeOH desgaseificado (80 mL) foi adicionado [Rh(cod)(R-DIPAMP)] BF^+_4 sob uma corrente de árgon. O reator foi selado e lavado com H_2 , agitado a 60 °C sob 1000 psi de H_2 durante 14 d. O produto em bruto foi purificado por cromatografia em coluna flash (eluente: EtOAc:hexano-1:1) para obter o Composto 8c (0.54 g, 96%) como um sólido branco, ee: >99%;^{1} H RMN (300 MHz, CDCl3): δ 1,36 (9H, s), 2,39 (6H, s), 3,11 (2H, J = 7,2 Hz), 3.65 (3H, s), 4.53-4.56 (1 H, m), 5.12 (1 H, d, J = 8.7 Hz), 5.65 (1 H, br s), 6.09 (1 H, br s), 7.46 (2H, s); MS(ES^+) (intensidade relativa): 250,9 (100) $(M\text{-}Boc)^+$.

Etapa-G: Ácido (S)-2-terc-Butoxicarbonilamino-3-(4-carbamoil-2,6-dimetilfenil)-propiónico.

A uma solução arrefecida com gelo do Composto 8c (0,22 g, 0,63 mmol) em THF (3,5 mL) foi adicionada uma solução aquosa de LiOH (1 N, 3,5 mL) e agitada a 0 C. Após a conclusão da reação, a reação foi concentrada e a fase aquosa foi neutralizada com HCI 1 N aquoso arrefecido a 0 °C e extraída com EtOAc. Os extractos combinados foram secos sobre Na S0$_{24}$ durante a noite. A filtração e a evaporação do filtrado até à secura conduziram ao Composto 8d (0,20 g, 94%) como um sólido branco. [1]RMN de H (300 MHz, DMSO-d6): δ 1,30 (9H, s), 2,32 (6H, s), 2,95(1 H, dd, J = 8,8, 13,9 Hz), 3,10 (1 H, dd, J = 6,2, 14,0 Hz), 4,02-4,12 (1H, m), 7,18-7,23 (2H, m), 7,48 (2H, s), 7,80 (1 H, s); MS(ES$^+$) (intensidade relativa): 236,9 (6) (M-Boc)$^+$.

Exemplo-16: 2-tert-Butoxicarbonilamino-3-(4-carbamoil-2,6-dimetil-fenil)-propiónico (Esquema-20):

H$_2$NOC Cpd 15g → H$_2$NOC 16a → H$_2$NOC 16b

Etapa-A: Éster metílico racémico do ácido 2-terc-butoxicarbonilamino-3-(4-carbamoil-2,6-dimetilfenil)propiónico.

A um reator carregado com uma solução do Composto 15g (0,68 g, 1,95 mmol) em MeOH (80 mL) foi adicionado Pd-C a 10% (0,5 g). O reator foi ligado a um hidrogenador e agitado sob 51 psi de H_2 durante a noite. A mistura foi filtrada através de uma almofada de Celite e o filtrado foi concentrado até à secura para dar o Composto 16a (0,676 g, 99%) como um sólido branco. O espetro de RMN de[1] H é idêntico ao do éster metílico do ácido (S)-2-terc-butoxicarbonilamino-3-(4-carbamoil-2,6-dimetilfenil)propiónico, composto 8c.

Etapa B: Ácido 2-terc-butoxicarbonilamino-3-(4-carbamoil-2,6-dimetilfenil)propiónico racémico.

Utilizando o procedimento descrito para o Exemplo 15, para a preparação do ácido (S)-2-terc-butoxicarbonilamino-3-(4-carbamoil-2,6-dimetilfenil)propiónico, preparou-se o ácido 2-terc-butoxicarbonilamino-3-(4-carbamoil-2,6-dimetilfenil)propiónico racémico, Composto 16b.

2_ W02006099060 (a seguir designado por WO'060)[1 1]	
Título	Processo para a preparação de moduladores de opiáceos
Requerente	Janssen Pharmaceutica NV [BE];

Data de apresentação	6-Mar-2006	
Dados prioritários	N.º de prioridade	Data de prioridade
	US20050661784P	20050314
Estatuto jurídico	Patente concedida (estatuto para EP1858850); expiração prevista Data: 14-Mar-2025.	
Equivalentes	WO2006099060 (A3) AR053170 (A1) AR054745 (A1) AU2006223394 (A1) AU2006223394 (B2) AU2006223482 (A1) BRPI0607792 (A2) BRPI0607793 (A2) CA2601481 (A1) CA2601481 (C) CA2601674 (A1) CN101175725 (A) CN101175725 (B) CN101175726 (A) CR9438 (A) CY1116104 (T1) DK1858850 (T3) EA014366 (B1) EA015512 (B1) EA200701978 (A1) EA200701979 (A1) EP1858850 (A2) EP1858850 (B1) EP1863764 (A1) ES2535048 (T3) HRP20150417 (T1) HUE024912 (T2) IL185972 (A) IL209402 (A) JP2008533141 (A) JP2008533143 (A) JP2013234192 (A) JP5384933 (B2) JP5802242 (B2)KR101280929 (B1) KR20070112255 (A) KR20070116067 (A) MX2007011409 (A) MX2007011412 (A) MY145333 (A) NI200700237 (A) NO20075268 (A) NO20075269 (A) NO340604 (BI) NZ590570 (A) PT1858850 (E) RS53873 (B1) SI1858850 (T1) TW200700388 (A) TW200716548 (A) TW201302676 (A) TWI414518 (B) TWI500595 (B) US2006211861 (A1) US2006211863 (A1) US2010036132 (A1) US2010152460 (A1) US7629488	
	(B2) WO2006098982 (AI) ZA200708809 (B) ZA200708810 (B)	
Observações	----	

WO2006099060 Pedido PCT atribuído à Janssen Pharmaceutica, N. V. e o seu estado atual é Patente Concedida (Estado para EP1858850); Data de expiração estimada: 14-

Mar-2025.

A invenção WO'060 PCT está relacionada com novos moduladores dos receptores opióides e intermediários na sua síntese, que inclui genericamente a Eluxadolina.

Exemplo-17: Ácido (S)-2-terc-Butoxicarbonilamino-3-(4-carbamoil-2,6-dimetilfenil)-propiónico (Esquema-21):

PASSO-A: Éster 4-bromo-3,5-dimetil-fenílico do ácido trifluorometanossulfónico.

A uma solução arrefecida (0°C) de 4-bromo-3,5-dimetilfenol (3,05 g, 15,2 mmol) em piridina (8 ml) foi adicionado anidrido trifluorometanossulfónico (5,0 g, 17,7 mmol) gota a gota. Após a conclusão da adição, a mistura resultante foi agitada a 0°C durante 15 minutos e depois à temperatura ambiente durante a noite. A reação foi extinta por adição de água e depois extraída com EtOAc. Os extractos orgânicos foram lavados sequencialmente com água, HCI 2N (2x), salmoura e depois secos sobre $MgSO_4$. A filtração e a evaporação até à secura produziram o composto 17b como um óleo incolor. ^{1}RMN de H (300 MHz, $CDCl_3$): δ 2,45 (6H, s), 7,00 (2H, s).

Etapa B: Ácido 4-bromo-3,5-dimetilbenzóico

A uma solução do composto 17b (6,57 g, 19,7 mmol) em DMF (65 ml) foram adicionados K2CO3 (13,1 g, 94,7 mmol), $Pd(OAc)_2$ (0,44 g, 1,97 mmol) e 1,1'-bis(difenilfosfino)ferroceno (2,29 g, 4,14 mmol). A mistura resultante foi borbulhada em CO gasoso durante 10 min e foi aquecida a 60°C durante 7,5h com um balão de $CO_{(9}$). A mistura arrefecida foi dividida entre NaHCO $aquoso_3$ e EtOAc, e filtrada.

A fase aquosa foi separada, acidificada com HCI 6N aquoso, extraída com EtOAc e depois seca sobre Na_2 SO_4 . A filtração e a concentração do filtrado produziram o composto bruto 17c como um resíduo castanho, que foi utilizado na etapa seguinte sem purificação adicional.

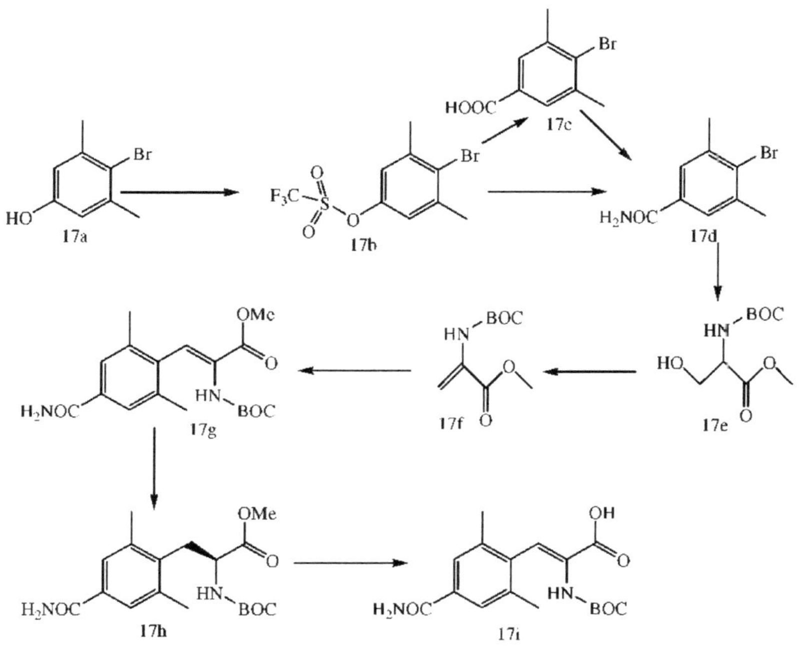

ETAPA C: Método A: 4-Bromo-3,5-dimetil-benzamida

A uma suspensão do composto 17c em DCM (40 ml) foi adicionado $SOCl_2$ (3,1 ml, 42 mmol) e a mistura foi aquecida a refluxo durante 2 h. Após a remoção do solvente por evaporação, o resíduo foi dissolvido em DCM (40 ml) e, em seguida, foi adicionado hidróxido de amónio (28% NH_3 em água, 2,8 ml). A mistura reacional foi aquecida a $5O^0$ C durante 2 h e concentrada. O resíduo foi diluído com H_2 O, extraído com EtOAc, e a porção orgânica foi seca sobre Na_2 SO_4 . Após filtração e evaporação, o resíduo foi purificado por cromatografia em coluna flash (eluente: EtOAc) para obter o composto 17d como um sólido esbranquiçado. ^{1}RMN de H (300 MHz, CD_3 CN): δ 2,45 (6H, s), 5,94 (1 H, br s), 6,71 (1 H, br s), 7,57 (2H, s). MS(ES^+)(intensidade relativa): 228.0 (100%) (M+1).

Etapa C: Método B: 4-Bromo-3,5-dimetil-benzamida

Uma mistura do composto 17b (3,33 g, 10 mmol), $PdCl_2$ (0,053 g, 0,3 mmol), hexametildisilazano (HMDS, 8,4 ml, 40 mmol) e DPPP (0,12 g, 0,3 mmol) foi borbulhada com CO gasoso durante 5 min e depois agitada num balão de CO a 80°C durante 4 h. À mistura reacional foi adicionado MeOH (5 ml). A mistura reacional foi agitada durante 10 min, diluída com 2N H_2 SO_4 (200 ml) e depois extraída com EtOAc. O extrato de EtOAc foi lavado com $NaHCO_3$ aquoso saturado, salmoura e depois seco com Na_2 SO_4 . A filtração e a evaporação do filtrado resultante produziram um resíduo, que foi purificado por cromatografia em coluna flash (eluente: EtOAc) para obter o composto 17d como um sólido branco.

Etapa-D: Éster metílico do ácido 2-tert-butoxicarbonilaminoacrílico

A uma suspensão de éster metílico de N-Boc-serina (Composto 17e, 2,19 g, 10 mmol) e EDCI (2,01 g, 10,5 mmol) em DCM (70 ml) foi adicionado CuCI (1,04 g, 10,5 mmol). A mistura reacional foi agitada à temperatura ambiente durante 72 h. Após a remoção do solvente, o resíduo foi diluído com EtOAc, lavado sequencialmente com água e salmoura e depois seco sobre $MgSO_4$. O produto em bruto foi purificado por cromatografia em coluna flash (eluente: EtOAc:hexano ~1 :4) para obter o composto 17f como um óleo incolor. ^{1}RMN de H (300 MHz, $CDCl_3$): δ 1,49 (9H, s), 3,83 (3H, s), 5,73 (1 H, d, J = 1,5 Hz), 6,16 (1 HI S), 7,02 (1 H, s).

PASSO-E: Éster metílico do ácido (2)-2-terc-Butoxicarbonilamino-3-(4-carbamoil-2,6-dimetil-fenil) acrílico

Um balão carregado com o composto 17d (0,46 g, 2,0 mmol), o composto 1f (0,80 g, 4,0 mmol), tri-o-tolilfosfina (0,098 g, 0,32 mmol) e DMF (8 ml_) foi purgado com N_2 (g) 3 vezes. Após a adição de tris(dibenzilidenoacetona)dipaládio (0) (0,074 g, 0,08 mmol) e TEA (0,31 ml, 2,2 mol), a mistura reacional foi aquecida a 110°C durante 24 h. Nessa altura, a reação foi extinta por adição de água e depois extraída com EtOAc. A fase orgânica foi lavada com 1 N HCI, NaHCO aquoso saturado$_3$, salmoura e seca sobre $MgSO_4$. A mistura foi concentrada até à obtenção de um resíduo, que foi purificado por cromatografia em coluna flash (eluente: EtOAc: hexano ~1:1 para EtOAc apenas) para obter o composto 17g como um sólido branco. ^{1}RMN de H (300 MHz, CD_3OD): δ 1,36 (9H, s), 2,26 (6H, s), 3,83 (3H, s), 7,10 (1 H, s), 7,56 (2H, s);^{13} RMN de C (75 MHz, DMSO-d6): δ 17,6, 25,7, 50,2, 78,7, 124,9, 126,4, 128,3, 131,2, 135,2, 135,5, 152,8, 164,3, 169,6; MS (ES^+) (intensidade relativa): 349.1 (38%)(M+1).

PASSO-F: Éster metílico do ácido (S)-2-terc-Butoxicarbonilamino-3-(4-carbamoil-2,6-dimetilfenil)-propiónico

A um reator carregado com uma solução do composto 17g (0,56 g, 1,6 mmol) em MeOH desgaseificado (80 mL) foi adicionado [Rh(COd)(H_1 R-DIPAMP)J BF^{+}_4 " sob uma corrente de árgon. O reator foi selado e lavado com H_2 , agitado a 6O⁰ C sob 1000 psi de H_2 durante 14 dias. O produto em bruto foi purificado por cromatografia em coluna flash (eluente: EtOAc:hexano ~1:1) para obter o composto 17h como um sólido branco. ee: >99%;[1] H RMN (300 MHz, CDCI3): δ 1.36 (9H, s), 2.39 (6H, s), 3.11 (2H, J = 7.2 Hz), 3.65 (3H, s), 4.53-4.56 (1 H, m), 5.12 (1 H, d, J = 8.7 Hz), 5.65 (1 H, br s), 6.09 (1 H, br s), 7.46 (2H, s); MS(ES^+) (intensidade relativa): 250,9 (100) $(M\text{-}BoC)^+$.

PASSO-G: Ácido (S)-2-terc-Butoxicarbonilamino-3-(4-carbamoil-2,6-dimetilfenil) propiónico

A uma solução arrefecida com gelo do composto 17h (0,22 g, 0,63 mmol) em THF (3,5 ml) foi adicionada uma solução aquosa de LiOH (1 N, 3,5 ml) e a mistura reacional foi agitada a 0°C. Após a conclusão da reação, a mistura reacional foi concentrada e a fase aquosa foi neutralizada com HCI 1N aquoso arrefecido a 0°C, sendo depois extraída com EtOAc. Os extractos combinados foram secos sobre Na_2 SO_4 durante a noite. A filtração e a evaporação do filtrado até à secura produziram o composto 17j como um sólido branco. [1]RMN de H (300 MHz, DMSO-cfe): δ 1.30 (9H, s), 2.32 (6H, s), 2.95(1 H, dd, J= 8.8, 13.9 Hz), 3.10 (1 H, dd, J= 6.2, 14.0 Hz), 4.02-4.12 (1 H, m), 7.18-7.23 (2H, m), 7.48 (2H1 s), 7.80 (1 H, s); MS(ES^+) (intensidade relativa): 236,9 (6) (M-BoC)+.

Exemplo-18: Ácido 2-tert-butoxicarbonilamino-3-(4-carbamoil-2,6-dimetilfenil-propiónico) racémico (Esquema-22):

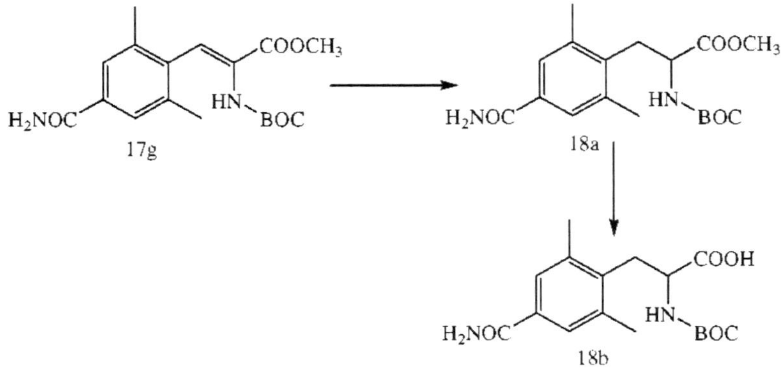

ETAPA A: Éster metílico racémico do ácido 2-terc-butoxicarbonilamino-3-(4-carbamoil-2,6-dimetilfenil)propiónico

A um reator carregado com uma solução do composto 17g (0,68 g, 1,95 mmol) em MeOH (80 mL) foi adicionado Pd-C a 10% (0,5 g). O reator foi ligado a um hidrogenador e agitado sob 51 psi de H_2 durante a noite. A mistura foi filtrada através de uma almofada de Celite e o filtrado foi concentrado até à secura para produzir o composto 18a como um sólido branco.

O espetro de^1 H NMR foi idêntico ao do éster metílico do ácido (S)-2-terc-butoxicarbonilamino-3-(4-carbamoil-2,6-dimetilfenil)propiónico, composto 17h.

ETAPA- B: Ácido 2-terc-butoxicarbonilamino-3-(4-carbamoil-2,6-dimetilfenil)propiónico racémico

Seguindo o procedimento descrito para o Exemplo 17, PASSO G (preparação do ácido (S)-2-tert-butoxicarbonilamino-3-(4-carbamoil-2,6-dimetil-fenil)propiónico), preparou-se o composto 18b - ácido 2-tert-butoxicarbonilamino-3-(4-carbamoil-2,6-dimetil-fenil)propiónico racémico.

Exemplo-19: 2-Amino-3-(4-hvdroxi-2,6-dimetil-fenil)-N-isopropil-N-ri-(4- fenil-1H-imidazol-2-vl)-etvπ-propionamida (Esquema-23)

19a

19b

19c

19d

19e

19f

.2 CF_3COOH

PASSO-A: Éster benzílico do ácido [1-(2-Oxo-2-fenil-etilcarbamoyl)-etil]-carbâmico.

A uma solução de N-α-CBZ-L-alanina comercialmente disponível (2,11 g, 9,5 mmol) em diclorometano (50 ml) foi adicionado cloridrato de 2-aminoacetofenona (1,62 g, 9,5 mmol). A solução resultante foi arrefecida a 0°C e adicionou-se N-metilmorfolina (1,15 g, 11 mmol), 1-hidroxibenzotriazol (2,55 g, 18,9 mmol) e cloridrato de 1-[3-(dimetilamino)-propil]-3-etilcarbodiimida (2,35 g, 12,3 mmol), por esta ordem, sob atmosfera de árgon. A mistura reacional foi aquecida à temperatura ambiente e agitada durante a noite. A reação foi extinta por adição de uma solução aquosa saturada de $NaHCO_3$; a fase orgânica separada foi lavada com ácido cítrico 2N, solução saturada de $NaHCO_3$ e salmoura, sendo depois seca sobre $MgSO_4$ durante a noite. Após filtração e concentração, o resíduo foi purificado por cromatografia em coluna sobre gel de sílica (eluente: EtOAc:hexano-1:1) para obter o composto em causa, éster benzílico do ácido [1-(2-oxo-2-fenil-etilcarbamoil)-etil]-carbâmico. ^{1}RMN de H (300 MHz, $CDCl_3$): δ 1,46 (3H, d), 4,39 (1 H, m), 4,75 (2H, d), 5,13 (2H, d), 5,40 (1 H, m), 7,03 (1 H, m), 7,36

(5H, m), 7,50 (2H, m), 7,63 (1 H1 m), 7,97(2H, m). MS(ES^+): 341.1 (100%).

Etapa B: Éster benzílico do ácido [1-(4-fenil-1 H-imidazol-2-il)-etil]-carbâmico.

A uma suspensão de éster benzílico do ácido [1-(2-oxo-2-fenil-etilcarbamoyl)-etil]-carbâmico (2,60 g, 7,64 mmol) em xileno (60 ml) foram adicionados NH_4 OAc (10,3 g, 134 mmol) e HOAc (5 ml). A mistura resultante foi aquecida em refluxo durante 7 h. Depois de arrefecida à temperatura ambiente, adicionou-se salmoura e a mistura foi separada. A fase aquosa foi extraída com EtOAc e as fases orgânicas combinadas foram secas sobre Na_2 SO_4 durante a noite. Após filtração e concentração, o resíduo foi purificado por cromatografia em coluna sobre gel de sílica (eluente, EtOAc:hexano-1:1) para obter o composto em causa. [1]RMN de H (300 MHz, $CDCl_3$): δ 1,65 (3H, d), 5,06 (1 H, m), 5,14 (2H, q), 5,94 (1 H1 d), 7,32 (10H, m), 7,59 (2H, d) MS(ES^+): 322.2 (100%).

Etapa C: 1 -(4-Fenil-1H-imidazol-2-il)-etilamina.

A uma solução de éster benzílico do ácido [1 -(4-fenil-1 H-imidazol-2-il)-etil]-carbâmico (1,5 g, 4,67 mmol) em metanol (25 mL) foi adicionado paládio a 10% sobre carbono (0,16 g). A mistura foi agitada num aparelho de hidrogenação à temperatura ambiente sob uma atmosfera de hidrogénio (10 psi) durante 8 h. A filtração seguida de evaporação até à secura sob pressão reduzida produziu o produto em bruto 1-(4-fenil-1H-imidazol-2-il)-etilamina. [1]RMN de H (300 MHz, $CDCl_3$): δ 1,53 (3H, d), 4,33 (1 H, q), 7,23 (3H, m), 7,37 (2H, m), 7,67 (2H, m). MS(ES^+): 188,1 (38%).

PASSO-D: lsopropil-[1-(4-fenil-1 H-imidazol-2-il)-etil]-amina

1 -(4-Fenil-1 H-imidazol-2-il)-etilamina (0,20 g, 1,07 mmol) e acetona (0,062 g, 1,07 mmol) foram misturados em 1,2-dicloroetano (4 mL), seguido da adição de $NaBH(OAc)_3$ (0,34 g, 1,61 mmol). A mistura resultante foi agitada ao rt durante 3 h. A reação foi extinta com uma solução saturada de $NaHCO_3$. A mistura foi extraída com EtOAc e os extractos combinados foram secos com Na_2 SO_4 . A filtração, seguida de evaporação até à secura sob pressão reduzida, produziu isopropil-[1 -(4- fenil-1 H-imidazol-2-il)-etil]-amina em bruto, que foi utilizada na reação seguinte sem qualquer outra purificação. [1]RMN de H (300 MHz, $CDCl_3$): δ 1,10 (3H, d), 1,18 (3H, d), 1,57 (3H, d), 2,86 (1 H, m), 4,32 (1 H, m), 7,24 (2H, m), 7,36 (2H, m), 7,69 (2H, m). MS(ES^+): 230,2 (100%).

ETAPA E. Éster terc-butílico do ácido (2-(4-hidroxi-2,6-dimetil-fenil)-1-{isopropil-[1-(4-fenil-1H- imidazol-2-il)-etil]-carbamoil}-etil)-carbâmico

A uma solução de ácido 2-terc-butoxicarbonilamino-3-(4-hidroxi-2,6-dimetil-fenilpropiónico (0,18 g, 0,6 mmol) em DMF (7 ml) adicionou-se isopropil-[1-(4-fenil-1H-imidazol-2-il)-etil]-amina (0.11 g, 0,5 mmol), 1-hidroxibenzotriazol (0,22 g, 1,6 mmol) e cloridrato de 1-[3-(dimetilamino)propil]-3-etilcarbodiimida (0,12 g, 0,6 mmol). A mistura resultante foi agitada sob uma atmosfera de árgon à temperatura ambiente durante a noite. A mistura reacional foi extraída com EtOAc e os extractos orgânicos combinados foram lavados sequencialmente com solução aquosa saturada de $NaHCO_3$, HCl 1N, solução aquosa saturada de $NaHCO_3$ e salmoura. A fase orgânica foi então seca sobre $MgSO_4$, filtrada e o filtrado foi concentrado sob pressão reduzida. O resíduo resultante foi purificado por cromatografia em coluna flash (eluente: EtOAc) para obter o produto éster terc-butílico do ácido (2-(4-hidroxi-2,6-dimetil-fenil)-1-{ isopropil- [1 -(4-fenil-1 H-imidazol-2-il)-etil] -carbamoil} -etil)-carbâmico. MS(ES^+): 521.5 (100%).

Etapa-F: 2-Amino-3-(4-hidroxi-2,6-dimetilfenil)-N-isopropil-N-[1-(4-fen-il-1H-imidazol-2-il)-etil]-propionamida

Uma solução de éster terc-butílico do ácido (2-(4-hidroxi-2,6-dimetil-fenil)-1-{isopropil-[1-(4-fenil-1H- imidazol-2-il)-etil]-carbamoil}-etil)-carbâmico (0,13 g, 0.25 mmol) em ácido trifluoroacético (5 ml) foi agitado à temperatura ambiente durante 2 h. Após a remoção dos solventes, o resíduo foi purificado por LC preparativa e liofilizado para produzir o sal TFA do composto do título como um pó branco. ^{1}RMN de H (300 MHz, $CDCl_3$): δ 0,48 (3H, d), 1,17 (3H, d), 1,76 (3H, d), 2,28 (6H, s), 3,19 (2H, m), 3,74 (1H, m), 4,70 (1 H, m), 4,82 (1 H, q), 6,56 (2H, s), 7,45 (4H, m), 7,74 (2H, m) MS(ES^+): 421.2 (100%).

Exemplo-20: (3,4-Dimetoxi-benzil)-[1-(4-fenil-1 H-imidazol-2-il)-etil]-amina (Esquema-24):

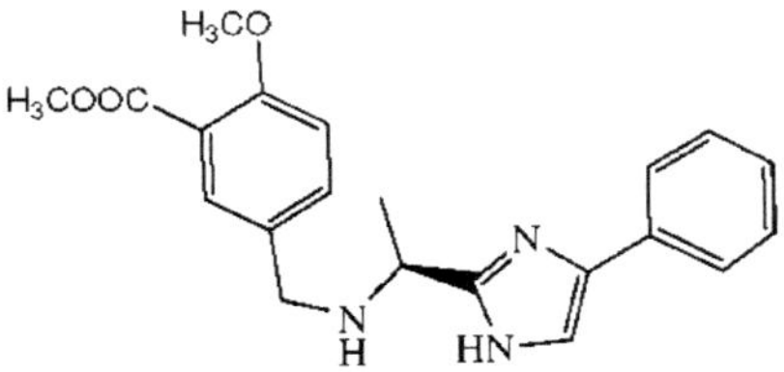

Uma solução de 1-(4-fenil-1 W-imidazol-2-il)-etilamina (0,061 g, 0,33 mmol) do Exemplo 19, e 0,55 g (0,33 mmol) de 3,4-dimetoxibenzaldeído em 5 ml de metanol anidro foi agitada à temperatura ambiente durante 1 h e depois arrefecida a cerca de 0-10^0 C num banho de gelo durante 1 h. A reação foi tratada cuidadosamente com 0,019 g (0,49 mmol) de borohidreto de sódio numa porção e mantida a cerca de 0-10 C durante 21 h. A reação foi tratada cuidadosamente com 0,019 g (0,49 mmol) de borohidreto de sódio numa porção e mantida a cerca de 0-10^0 C durante 21 h. Adicionou-se gota a gota (30 gotas) HCI aquoso 2M frio, a mistura foi agitada durante 5 min e depois parcialmente concentrada no vácuo sem aquecimento. O material residual foi absorvido em EtOAc para produzir uma suspensão que foi tratada com 5 ml de NaOH aquoso 3M frio e agitada vigorosamente até ficar límpida. As fases foram separadas e a camada aquosa foi extraída três vezes com EtOAc. Os extractos combinados foram secos sobre $MgSO_4$, filtrados e concentrados para produzir (3,4-dimetoxi-benzil)-[1-(4-fenil-1 H-imidazol-2-il)-etil]-amina como um óleo amarelo claro (HPLC: 87% @ 254nm e 66% @ 214 nm). MS (ES^+) (intensidade relativa): 338.1 (100) (M+1). Esta amostra era de qualidade suficiente para ser utilizada na reação seguinte sem purificação adicional.

Exemplo 21: Ácido 5-({[2-amino-3-(4-carbamoil-2,6-dimetilfenil)-propionil]-[1 -(4-fenil-1H-imidazol-2-il)-etil]-amino}-metil)-2-metoxibenzóico (esquema-25)

PASSO A. Éster metílico do ácido 2-metoxi-5-{[1-(4-fenil-1H-imidazol-2-il) -etilamino] -metil}-benzoico

Utilizando os procedimentos descritos para o Exemplo 20, substituindo o éster metílico do ácido 5-formil-2-metoxibenzóico (WO 02/22612) pelo 3,4- dimetoxibenzaldeído, preparou-se o éster metílico do ácido 2- metoxi-5-{[1 -(4-fenil-1 H-imidazol-2-il)-etilamino]-metil}-benzoico.

ETAPA B. Éster metílico do ácido 5-({[2-terc-Butoxicarbonilmetil-3-(4-carbamoil-2,6-dimetilfenil)-propionil]-[1 -(4-fenil-1H-imidazol-2-il)-etil]-amino}-metil)-2-metoxi-benzoico

Utilizando o procedimento do Exemplo 19 para a conversão do Cpd 19d em Cpd 19e, substituindo o éster metílico do ácido 2-metoxi-5 - {[1-(4-fenil-1 H-imidazol-2-il)-etilamino] -metilj -benzoico pelo Cpd 19d e substituindo o ácido 2-terc-butoxicarbonilamino-3-(4-carbamoil-2,6-dimetilfenil)-propiónico no lugar do ácido 2-terc-butoxicarbonil amino-3-(4-hidroxi-2,6-dimetilfenil)-propiónico, preparou-se o Cpd 21a.

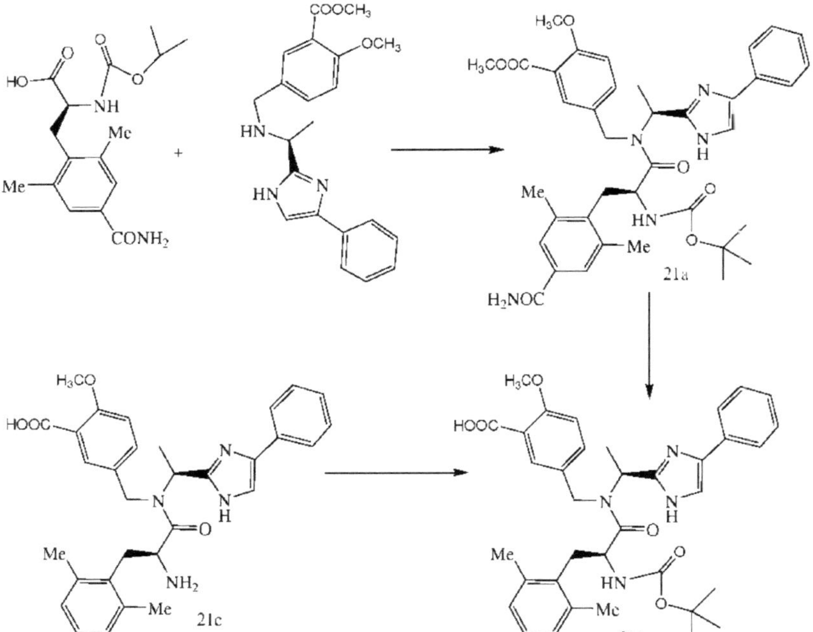

ETAPA C. Ácido 5-({[2-terc-butoxicarbonilamino-3-(4-carbamoil-2,6-dimetilfenil)-propionil]-[1 -(4-fenil-1H-imidazol-2-il)-etil]-amino}-metil)-2-metoxibenzóico

O éster metílico do ácido 5-({[2-terc-butoxicarbonilmetil-3-(4-carbamoil-2,6-dimetilfenil)-propionil]-[1 -(4-fenil-1H-imidazol-2-il)-etil]-amino} -metil)-2-metoxi-benzoico foi dissolvido num sistema de solventes mistos de THF (10 ml) e MeOH (5 ml), arrefecido a gelo (0-10°C). Foi adicionada uma suspensão de LiOH H_2 OZwater (2,48 M; 3,77 ml), gota a gota, e a reação foi deixada à temperatura ambiente e agitada durante a noite. A mistura resultante foi arrefecida num banho de gelo e a solução básica foi neutralizada com ácido cítrico 2N até ficar ligeiramente ácida. A mistura foi concentrada sob pressão reduzida para remover os materiais voláteis, após o que a fase aquosa remanescente foi extraída com EtOAc (3 x 26 ml). As fases orgânicas combinadas foram secas sobre $MgSO_4$, filtradas e concentradas sob pressão reduzida para obter um sólido branco amarelado pálido. Este material em bruto foi dissolvido numa solução a 10% de MeOH/CH_2 Cl_2 e adsorvido em 30 g de sílica. O material adsorvido foi dividido e cromatografado numa coluna de fase normal ISCO em duas passagens, utilizando uma coluna Redi-Sep de 40 g em ambas as passagens. O sistema de solventes foi um sistema gradiente MeOHZCH_2 Cl_2 da seguinte forma: Inicialmente 100% CH_2 Cl_2 , 98%- 92% durante 40 min; 90% durante 12 min, e depois 88% durante 13 min. O produto desejado eluiu de forma limpa entre 44-61 min. As fracções desejadas foram combinadas e concentradas sob pressão reduzida para obter o ácido 5-({[2-terc-butoxicarbonilamino-3-(4-carbamoil-2,6-dimetilfenil)-propionil]-[1-(4-fenil-1H-imidazol-2-il)-etil]-amino}-metil)-2-metoxibenzóico, Cpd 21b, como um sólido branco.

ETAPA D. Ácido 5-({[2-amino-3-(4-carbamoil-2,6-dimetilfenil)-propionil]-[1-(4-fenil-1H-imidazol-2-il)-etil]-amino}-metil)-2-metoxibenzóico

Uma porção de Cpd 21b (0,27 g, 0,41 mmol) foi dissolvida em EtOAc (39 ml) e THF (5 ml), filtrada e subsequentemente tratada com HCI gasoso durante 15 min. Após a conclusão da adição de HCI, a reação foi lentamente aquecida à temperatura ambiente e formou-se um precipitado sólido. Após 5 h, a reação parecia estar >97% completa por LC (@214nm; 2,56 min.). A agitação foi continuada durante 3 d, depois o sólido foi recolhido e lavado com uma pequena quantidade de EtOAc. O sólido resultante foi seco sob alto vácuo e sob refluxo de tolueno durante 2,5 h para obter o Cpd 21c como um sal di-HCI sólido branco.

Example-22: 4-{2-Amino-2-[{1-[4-(2-cyano-phenyl)-1 H-imidazol-2-yl]-ethyl}-(3,4-dimethoxy-benzyl)-carbamoyl]-ethyl}-3,5-dimethyl-benzamide (Scheme-26):

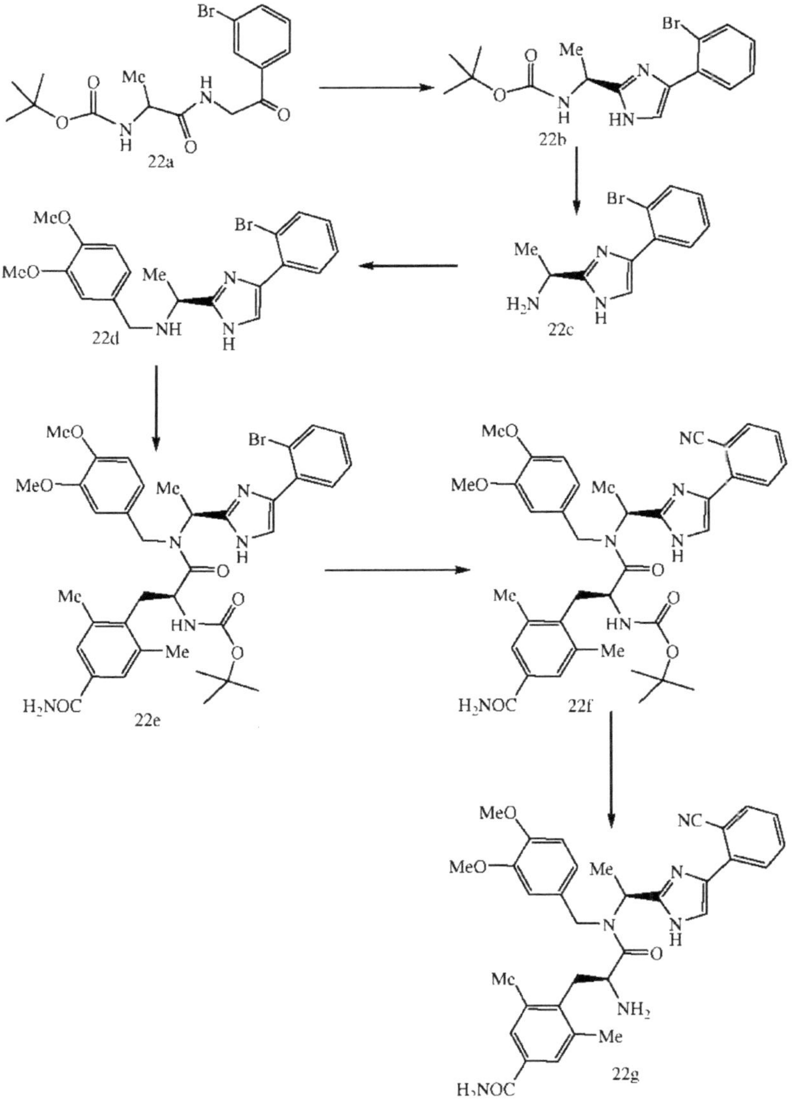

ETAPA A: {1-[2-(2-Bromo-fenil)-2-oxo-etilcarbamoil]-etil}-éster terc-butílico do ácido carbâmico

O composto 22a foi preparado de acordo com o Exemplo 19, utilizando os reagentes, os materiais de base e os métodos adequados conhecidos pelos peritos na matéria.

ETAPA B. {1-[4-[4-(2-Bromofenil)-1 H-imidazol-2-il]-etil}-éster tertbutílico do ácido carbâmico

Seguindo o procedimento descrito no Exemplo 19 para a conversão do Composto 19a no Composto 19b, e utilizando os reagentes e métodos adequados conhecidos pelos peritos na matéria, foi preparado o Cpd 22b.

ETAPA C. 1-[4-(4-Bromofenil)-1H-imidazol-2-il]-etilamina

Utilizando o procedimento descrito para a conversão do Cpd 19e em 19f, foi preparado o Composto 22c.

ETAPA D. Éster terc-butílico do ácido [1-[{1-[4-[4-(2-bromofenil)-1H-imidazol-2-il]-etil}-(3,4-dimetoxi-benzil)-carbamoil]-2-(4-carbamoil-2,6-dimetilfenil)-etil]-carbâmico

Utilizando o procedimento descrito no Exemplo 21, PASSO B, e substituindo 1-[4-(4-bromo-fenil)-1 H-imidazol-2-il] -etilamina por 1 -(4-fenil-1 H-imidazol-2-il)-etilamina, o produto foi preparado.

ETAPA E. {2-(4-Carbamoil-2,6-dimetil-fenil)-1-[{1-[4-(2-ciano-fenil)-1H-imidazol-2-il]-etil}-(3,4-dimetoxi-ben2il)-carbamoil]-etil}-éster terc-butílico do ácido carbâmico

A uma solução de éster terc-butílico do ácido [1-[{1-[4-[4-(2-bromofenil)-1H-imidazol-2-il]-etil}-(3,4- dimetoxi-benzil)-carbamoil]-2-(4-carbamoil-2,6-dimetilfenil)-etil]-carbâmico (294 mg; 0,4 mmol) em DMF (2 ml) adicionou-se $Zn(CN)_2$ (28 mg; 0,24 mmol). A mistura resultante foi desgaseificada com árgon durante 5 min, depois adicionou-se Pd(PPh $)_{34}$ (92 mg; 0,08 mmol) puro e o sistema foi imediatamente aquecido a 100°C. Após aquecimento durante 6 h, a reação foi arrefecida à temperatura ambiente e dividida entre EtOAc e água. A fase orgânica foi seca sobre Na_2 SO_4 , filtrada e concentrada sob pressão reduzida. O material em bruto foi submetido a HPLC de fase inversa (água/acetonitrilo/ 0,1% TFA). As fracções de interesse foram combinadas, basificadas com NaHCO aquoso $saturado_3$ e extraídas duas vezes com EtOAc. Os extractos de EtOAc foram combinados, secos sobre Na_2 SO_4 , filtrados e concentrados para produzir {2-(4-carbamoil-2,6-dimetil-fenil)-1 -[{1 -[4-(2-ciano-fenil)-1 H-imidazol-2-il] -etil }-(3,4-dimetoxi-benzil)-carbamoil] -etil} -éster terc-butílico do ácido carbâmico (HPLC: 96% a 254 nm e 97% a 214 nm). Esta amostra era de qualidade suficiente para ser utilizada na reação seguinte sem purificação adicional.

PASSO-F. 4-{2-Amino-2-[{1-[4-(2-cyano-phenyl)-1H-imidazol-2-yl]-ethyl}-(3,4-dimethoxy-benzyl)-carbamoyl]-ethyl}-3,5-dimethyl-benzamide

O éster terc-butílico do ácido {2-(4-carbamoil-2,6-dimetil-fenil)-1-[{1- [4-(2-ciano-fenil)-1 H-imidazol-2-il] -etil}-(3,4-dimetoxi-benzil)-carbamoil]-etil}-carbâmico pode ser desprotegido com BOC utilizando o procedimento descrito no Exemplo 19 para a conversão de Cpd 19e em Cpd 19f para obter o composto do título.

Example-23: 3-(2-{1-[[2-Amino-3-(4-carbamoyl-2,6-dimethyl-phenyl)-propio-nil]-(3,4-dimetoxi-benzil)-amino]-etil}-1H-imidazol-4-il)-ácido benzoico (Esquema-27):

ETAPA A. 1-[4-(3-Bromofenil)-1H-imidazol-2-il]-etilamina

Utilizando o procedimento descrito no Exemplo 22, e os materiais de partida e reagentes adequadamente substituídos, preparou-se a 1-[4-(3-bromofenil)-1H-imidazol-2-il]-etilamina.

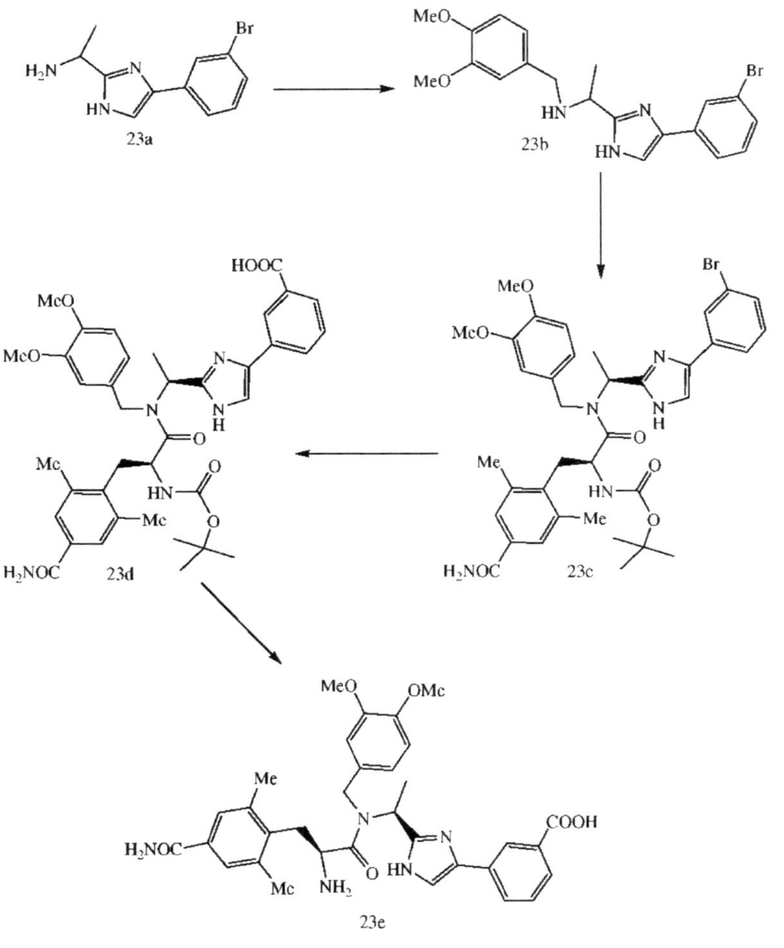

ETAPA B. {1-[4-[4-(3-Bromofenil)-1H-imidazol-2-il]-etil}-(3,4-dimetoxi-benzil)-amina

Utilizando o procedimento descrito no Exemplo 20, e substituindo 1-[4-(3-bromo-fenil)-1 H-imidazol-2-il]-etilamina por 1 -(4-fenil-1 H-imidazol-2-il)-etil- amina, o produto foi preparado.

ETAPA C. Éster terc-butílico do ácido [1-[{1-[4-[4-(3-bromofenil)-1 H-imidazol-2-il]-etil}-(3,4- dimetoxi-benzil)-carbamoil]-2-(4-carbamoil-2,6-dimetilfenil)-etil]-carbâmico

Utilizando o procedimento do Exemplo 19 para a conversão de Cpd 19d em Cpd 19e, substituindo {1-[4-(3-Bromo-fenil)-1H-imidazol-2-il] -etil}-(3,4-dimetoxi-benzil)-amina por Cpd 19d e substituindo o ácido 2-terc-Butoxicarbonilamino-3-(4-carbamoil-2,6-dimetilfenil)-propiónico no lugar do ácido 2-tert-butoxicarbonilamino-3-(4-hidroxi-2,6-dimetilfenil)-propiónico, obtém-se o produto.

Etapa D. Ácido 3-(2-{1 -[[2-tert-butoxicarbonilamino-3-(4-carbamoil-2,6-dimetil-fenil)-propionil]-(3,4-dimetoxi-benzil)-amino]-etil}-1H-imidazol-4-il)-benzoico

A uma solução de éster terc-butílico do ácido [1-[{1-[4-(3-bromofenil)-1H-imidazol-2-il]-etil}-(3,4- dimetoxi-benzil)-carbamoil]-2-(4-carbamoil-2,6-dimetil-fenil)-etil]-carbâmico (290 mg; 0.40 mmol) em DMF (5mL) foi adicionado $K_2 CO_3$ (262 mg; 1,9 mmol) e a mistura resultante foi desgaseificada com árgon durante 5 min. Nesta altura, adicionou-se $Pd(OAc)_2$ (8,9 mg; 0,04 mmol) e 1,1-bis(difenilfosfino) ferroceno (46 mg; 0,083 mmol). Em seguida, borbulhou-se monóxido de carbono através da mistura resultante durante 10 minutos à temperatura ambiente, tapou-se a reação e aqueceu-se a 100 °C durante 6 h. Após arrefecimento à temperatura ambiente, a mistura foi dividida entre EtOAc e água, filtrada através de Celite e separada. A fase aquosa foi então lavada com uma segunda porção de EtOAc. A fase aquosa foi então acidificada a pH 5 com ácido cítrico 2N e a solução aquosa resultante foi extraída com EtOAc (4x). Estes últimos extractos de EtOAc foram combinados, secos sobre $Na_2 SO_4$, filtrados e concentrados sob pressão reduzida para obter o produto em bruto (HPLC: 87% a 254 nm).

Etapa E. Ácido 3-(2-{1-[[2-Amino-3-(4-carbamoil-2,6-dimetil-fenil)-propionil]-(3,4- dimetoxi-benzil)-amino]-etil}-1 H-imidazol-4-il)-benzoico

O ácido 3-(2-{1-[[2-terc-Butoxicarbonilamino-3-(4-carbamoil-2,6-dimetil-fenil)-propio-nil]-(3,4-dimetoxi-benzil)-amino]-etil}-1H-imidazol-4-il)-benzoico pode ser protegido por BOC-de acordo com o procedimento descrito no Exemplo 19 para a conversão de Cpd 19e em Cpd 19f, de modo a obter o composto em causa.

Exemplo-24: 4-(2-Amino-2-{[2-hidroxi-1-(4-fenil-1 H-imidazol-2-il)-etil]-isopropil-carbamoil}-etil)-3,5-dimetil-benzamida (sal TFA) (Esquema-28):

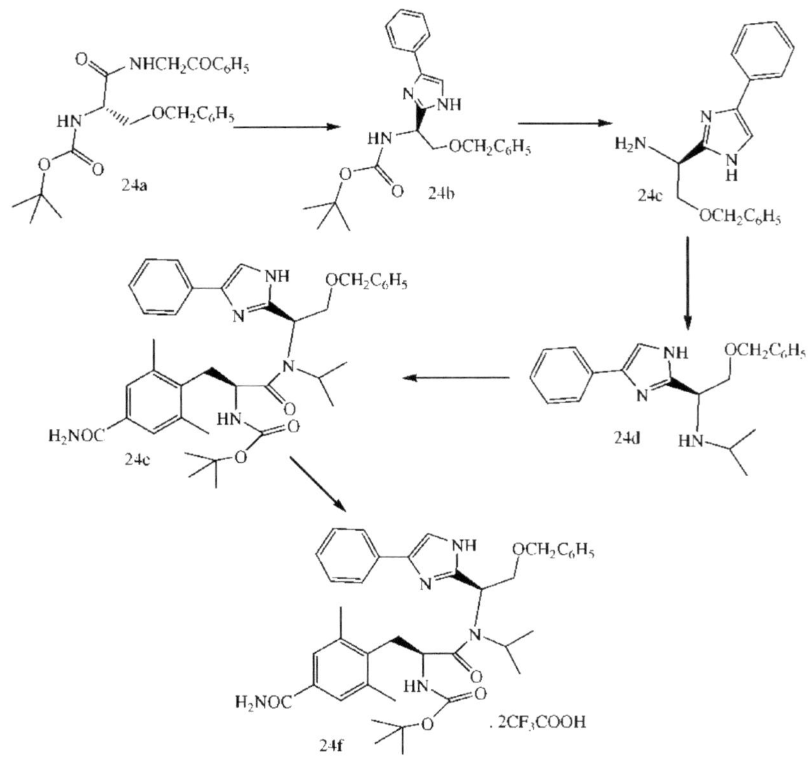

ETAPA A. Éster terc-butílico do ácido [2-benziloxi-1 -(2-oxo-2-fenil-etilcarbamoil-etil]-carbâmico

O produto foi preparado utilizando o procedimento descrito no Exemplo 19 e substituindo o éster benzílico de N-α-BOC-L-serina por N-α-CBZ-L-alanina.

ETAPA B [éster terc-butílico do ácido 2-benziloxi-1-(4-fenil-1H-imidazol-2-il-etil]-carbâmico

De acordo com o procedimento descrito no Exemplo 19 para a conversão de Cpd 19a em Cpd 19b, o éster terc-butílico do ácido [2-benziloxi-1 -(2-oxo-2-fenil-etilcarbamoil-etil]-carbâmico foi convertido no produto.

ETAPA C. O éster terc-butílico do ácido [2-benziloxi-1-(4-fenil-1 H-imidazol-2-il-etil]-carbâmico pode ser desprotegido com BOC utilizando o procedimento descrito no Exemplo 19 para a conversão de Cpd 19e em Cpd 19f para obter o produto.

ETAPA D. [2-Benziloxi-1-(4-fenil-1 H-imidazol-2-il-etil]-isopropil-amina

Pelo procedimento descrito no Exemplo 19 para a conversão de Cpd 19c em Cpd 19d, a [2-benziloxi-1-(4-fenil-1H-imidazol-2-il-etilamina foi convertida no produto.

ETAPA E. Éster terc-butílico do ácido [1-{[2-benziloxi-1-(4-fenil-1H-imidazol-2-il)-etil]-isopropil-carbamoil}-2-(4-carbamoil-2,6-dimetil-fenil)-etil]-carbâmico

Utilizando o procedimento do Exemplo 19 para a conversão do Cpd 19d em Cpd 19e, substituindo a [2-benziloxi-1-(4-fenil-1 H-imidazol-2-il-etil]-isopropil-amina pelo Cpd 19d e substituindo o ácido 2-terc-butoxicarbonilamino-3-(4-carbamoil- 2,6-dimetil-fenil)-propiónico no lugar do ácido 2-terc-butoxicarbonilamino-3-(4-hidroxi-2,6-dimetil-fenil)-propiónico, obtém-se o produto.

FASE F. 4-(2-Amino-2-{[2-hidroxi-1-(4-fenil-1 H-imidazol-2-il)-etil]-isopropil-carbamoil}-etil)-3,5-dimetil-benzamida (sal TFA).

Uma solução de éster terc-butílico do ácido [1 -{[2-benziloxi-1 -(4-fenil-1 H-imidazol-2-il)-etil]-isopropil-carbamoil}-2-(4-carbamoil-2,6-dimetil-fenil)-etil]-carbâmico (0,287 g, 0,439 mmol) em clorofórmio (10 ml) foi arrefecida num banho de gelo e tratada com 0,62 ml (4,4 mmol) de iodotrimetilsilano. A reação, que se turvou imediatamente, foi aquecida lentamente até à temperatura ambiente, sob agitação. Após 16 h, a reação foi arrefecida num banho de gelo até 5-10^0 C e tratada com 100 m de MeOH. A mistura arrefecida foi agitada a 5-10°C durante 30 min, retirada do banho de gelo e agitada durante mais 30 min, e concentrada no vácuo para produzir um resíduo cor de laranja que foi submetido a HPLC de fase inversa (água/acetonitrilo / 0,1 % TFA). As fracções de interesse foram combinadas e a amostra foi liofilizada para produzir4-(2-amino-2- {[2-hidroxi-1 -(4-fenil-1 H-imidazol-2-il)-etil] -isopropil-carbamoil}-etil)-3,5-dimetil-benzamida (sal TFA) como um pó branco (HPLC: 99% a 254 nm e 100% a 214 nm) MS (ES$^+$) (intensidade relativa): 464.1 (100) (M+1).

Exemplo-25: (S)-2-terc-Butoxicarbonilamlno-3-(2,6-dimetil-4-trifluoro éster metílico do ácido metano-sulfonilfenil-propiónico éster metílico do ácido trifluorometano-sulfonilfenil)-propiónico (Esquema-29):

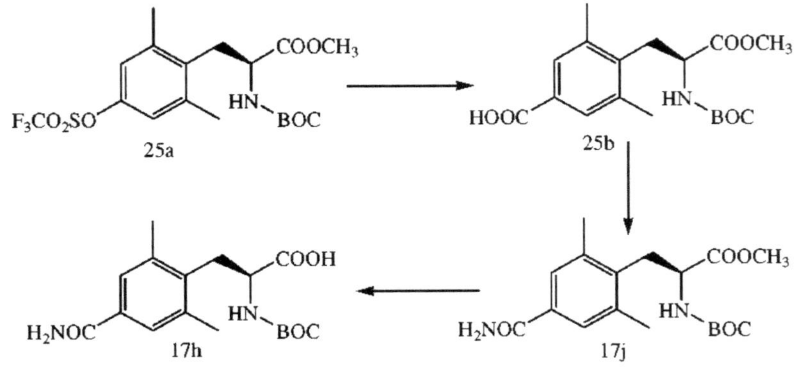

ETAPA A. Éster metílico do ácido (S)-2-terc-butoxicarbonilamino-3-(2,6-dimetil-4-triflorometano-sulfonilfenil)-propiónico

A uma solução fresca de Boc-L-(2,6-diMe)Tyr-OMe (7,0 g, 21,6 mmol; Fontes: Chiramer ou RSP AminoAcidAnalogues) e N-feniltrifluorometanossulfonimida (7,9 g, 22,0 mmol) em diclorometano (60 ml) foi adicionada trietilamina (3,25 ml, 23,3 mmol). A solução resultante foi agitada a 0^0 C durante 17 horas e lentamente aquecida à temperatura ambiente. Uma vez terminada a reação, esta foi extinta por adição de água. A fase orgânica separada foi lavada com solução aquosa de NaOH 1 N, água e seca sobre Na_2 SO_4 durante a noite. Após filtração e evaporação, o resíduo foi purificado por cromatografia em coluna flash (eluente: EtOAc-hexano: 3:7) para obter o produto desejado como um óleo límpido. ^{1}H NMR (300 MHz, CDCl3): δ 1,36 (9H, s), 2,39 (6H, s), 3,06 (2H1 d, J =7,7 Hz), 3,64 (3H, s), 4,51 -4,59 (1 H, m), 5,12 (1 H, d, J= 8,5 Hz), 6,92 (2H, s) MS (ES+) (intensidade relativa): 355,8 (100) $(M\text{-}BoC)^+$.

ETAPA B. Ácido (S)-4-(2-terc-butoxicarbonilamino-2-metoxicarbonil)-3,5-dimetilbenzóico

A uma suspensão de éster metílico do ácido (S)-2-terc-butoxicarbonilamino-3-(2,6-dimetil-4-trifluoro- metanossulfonilfenil)-propiónico (9,68 g, 21,3 mmol), K2CO3 (14.1g, 0.102 mol), $Pd(OAc)_2$ (0.48g, 2.13 mmol) e 1,1'- bis(difenilfosfino)ferroceno (2.56 g, 4.47 mmol) em DMF (48 ml) foi borbulhado em CO gasoso durante 15 min. A mistura foi aquecida a 60°C durante 8 h com um balão de CO. A mistura arrefecida foi dividida entre $NaHCO_3$ e EtOAc, e filtrada. A camada aquosa foi separada, acidificada com solução aquosa de ácido cítrico a 10%, extraída com EtOAc e finalmente seca sobre

$Na_2 SO_4$. A filtração e a concentração do filtrado resultaram num resíduo. O resíduo foi recristalizado a partir de EtOAc-hexanos para obter o produto desejado. [1]RMN de H (300 MHz, CDCl3): δ 1,36 (9H, s), 2,42 (6H, s), 3,14 (2H, J = 7,4 Hz), 3,65 (3H, s), 4,57-4,59 (1 H, m), 5,14 (1 H, d, J= 8,6 Hz), 7,75 (2H, s) MS(ES+) (intensidade relativa): 251,9 (100) (M-Boc)+.

ETAPA C. Éster metílico do ácido (S)-2-terc-butoxicarbonilamino-3-(4-carbamoil-2,6-dimetilfenil)-propiónico

A uma solução em agitação de ácido (S)-4-(2-terc-butoxicarbonilamino-2-metoxicarbonil-etílico)-3,5-dimetilbenzóico (3,00 g, 8,54 mmol), PyBOP (6,68 g, 12,8 mmol) e HOBt (1,74 g, 12,8 mmol) em DMF (36 ml) adicionou-se DIPEA (5,96 ml, 34,2 mmol) e NH_4 CI (0,92 g, 17,1 mmol). A mistura resultante foi agitada à temperatura ambiente durante 40 minutos antes de ser dividida entre uma solução aquosa de NH_4 CI e EtOAc. A fase orgânica separada foi lavada sequencialmente com uma solução aquosa de ácido cítrico 2N, uma solução aquosa saturada de $NaHCO_3$ e salmoura, sendo depois seca sobre Na_2 SO_4 durante a noite. Após filtração e concentração, o resíduo foi purificado por cromatografia em coluna flash (eluente: EtOAc) para obter o produto.

[1]RMN de H (300 MHz, CDCl3): δ 1,36 (9H, s), 2,39 (6H, s), 3,11 (2H, J = 7,2 Hz), 3,65 (3H, s), 4,53-4,56 (1 H, m), 5,12 (1 H, d, J= 8,7 Hz), 5,65 (1 H, br s), 6,09 (1 HI br s), 7,46 (2H, s). MS(ES+) (intensidade relativa): 250,9 (100) $(M-BoC)^+$.

ETAPA D. Ácido (S)-2-terc-Butoxicarbonilamino-3-(4-carbamoil-2,6-dimetilfenil) propiónico

A uma solução arrefecida com gelo do éster metílico da etapa C (2,99 g, 8,54 mmol) em THF (50 ml) foi adicionada uma solução aquosa de LiOH (1 N, 50 ml) e agitada a O° C. Após o consumo dos materiais de partida, os solventes orgânicos foram removidos e a fase aquosa foi neutralizada com HCI 1 N arrefecido a 0° C, extraída com EtOAc e seca sobre Na_2 SO_4 durante a noite. A filtração e a evaporação até à secura produziram o ácido do título (S)-2-terc-butoxicarbonilamino-3-(4-carbamoil-2,6-dimetilfenil)ácido propiónico. [1]RMN de H (300 MHz, DMSO-Qf6): δ 1,30 (9H1 s), 2,32 (6H, s), 2,95(1 H, dd, J = 8,8, 13,9 Hz), 3,10 (1 H, dd, J= 6,2, 14,0 Hz), 4,024,12 (1 H, m), 7,18-7,23 (2H, m), 7,48 (2H, s), 7,80 (1 H, s). MS(ES+) (intensidade relativa): 236,9 (6) $(M-BoC)^+$.

Exemplo-26: (Z)-2-Benziloxicarbonilamino-3,4-carbamoil-2,6-dimetil-

éster metílico do ácido fenil-acrílico (Esquema-30)

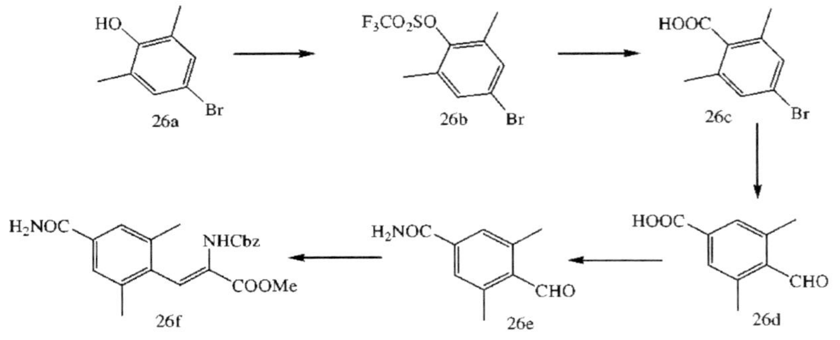

ETAPA A. Éster 4-bromo-3,5-dimetil-fenílico do ácido trifluorometanossulfónico

A uma solução arrefecida (O^0 C) de 4-bromo-3,5-dimetilfenol (3,05 g, 15,2 mmol) em piridina (8 mL) foi adicionado anidrido trifluorometanossulfónico (5,0 g, 17,7 mmol) gota a gota. Após a conclusão da adição, a mistura resultante foi agitada a 0°C durante 15 min e à temperatura ambiente durante a noite. A reação foi então extinta por adição de água e depois extraída com EtOAc. Os extractos de EtOAc foram lavados com água, HCI 2/V (2 x), salmoura e secos sobre $MgSO_4$. A filtração e a evaporação até à secura produzem o produto (26a) como um óleo incolor. ^{1}RMN de H (300 MHz, $CDCI_3$): δ 2,45 (6H, s), 7,00 (2H, s).

ETAPA B. Ácido 4-bromo-3,5-dimetilbenzóico

A uma solução de éster 4-bromo-3,5-dimetil-fenílico do ácido trifluoro-metanossulfónico (6,57 g, 19,7 mmol) em DMF (65 mL) foram adicionados K_2 CO_3 (13,1 g, 94,7 mmol), $Pd(OAc)_2$ (0,44 g, 1,97 mmol) e 1,1'-bis(difenilfosfino)ferroceno (2,29 g, 4,14 mmol). A mistura resultante foi borbulhada em CO gasoso durante 10 min e foi depois aquecida a 60°C durante 7,5 h com um balão de CO. A mistura arrefecida foi dividida entre NaHCO $aquoso_3$ e EtOAc, e filtrada. A camada da fase aquosa foi separada, acidificada com HCI 6N aquoso, extraída com EtOAc e depois seca sobre Na_2 SO_4 . A filtração e a concentração do filtrado resultaram no produto em bruto (26b) como um resíduo castanho, que foi utilizado na etapa seguinte sem qualquer outra purificação.

ETAPA C. Ácido 4-formil-3,5-dimetilbenzóico

Uma solução de ácido 4-bromo-3,5-dimetilbenzóico (0,92 g, 4 mmol) em THF (10 ml) foi arrefecida até -100C com um banho de N_2 (I)-Et_2 O e adicionou-se lentamente n-butilítio (1,6 M em hexanos, 5 ml, 8 mmol). Após a conclusão da adição, a mistura reacional foi aquecida a -78° C e adicionou-se DMF (0,74 ml, 8 mmol) gota a gota. A mistura resultante foi agitada a -78e C durante 1,5 h e deixada arrefecer, seguida da adição de HCI aquoso 2N (30 ml). A fase orgânica foi separada e a fase aquosa foi extraída com EtOAc. As fases orgânicas combinadas foram secas sobre $MgSO_4$. O solvente foi removido e o resíduo resultante foi purificado por cromatografia em coluna flash (eluente: EtOAc-hexanos~1:1) para obter o ácido 4-formil-3,5-dimetilbenzóico (26c). [1]RMN de H (300 MHz, $CDCl_3$): 52,65 (6H, s), 7,82 (2H, s), 10,67(1 H, s).

ETAPA D. 4-Formil-3,5-dimetil-benzamida

A uma solução de ácido 4-formil-3,5-dimetil-benzoico (0,15 g, 0,85 mmol) em DMF (6 mL) foram adicionados PyBOP (1,0 g, 1,92 mmol), HOBt (0,26 g, 1,92 mmol), DIPEA (0,89 mL, 5,12 mmol) e NH_4 CI (0,14 g, 2,56 mmol). A mistura resultante foi agitada à temperatura ambiente durante 1 h, sendo extinta por adição de salmoura e depois extraída com EtOAc. A fase orgânica foi lavada com HCI aquoso 2N, NaHCO saturado$_3$, salmoura e depois seca sobre $MgSO_4$. O solvente foi removido para obter o produto em bruto (26d), que foi utilizado na etapa seguinte sem purificação adicional.

ETAPA E. Éster metílico do ácido (Z)-2-benziloxicarbonilamino-3-(4-carbamoil-2,6-dimetilfenil)-acrílico

A uma solução de N-(benziloxicarbonil)-a-fosfinoglicina trimetil éster (0,46 g, 1,4 mmol) em DCM (5 ml) foi adicionado DBU (0,21 mL, 1,4 mmol). Após agitação durante 10 min, foi adicionada uma solução da 4-formil-3,5-dimetil-benzamida feita acima em DCM (5 mL), gota a gota. A mistura resultante foi agitada à temperatura ambiente durante 5,5 h e o solvente foi removido por evaporação rotativa. O resíduo foi dissolvido em EtOAc e lavado com HCI aquoso 1 N, salmoura e depois seco sobre $MgSO_4$. O solvente foi removido e o resíduo purificado por cromatografia em coluna flash (eluente: EtOAc-hexanos~1:1) para obter o éster metílico do ácido (2)-2-terc-butoxicarbonilamino-3-(4-carbamoíl-2,6- dimetilfenil)acrílico (26e) como um sólido branco. MS(ES^+) (intensidade relativa): 383.4 (10%)(M+1).

Exemplo-27: Éster metílico do ácido (Z)-2-benziloxicarbonilamino-3-(4-carbamoil-2,6-dimetilfenil)acrílico (Esquema-31):

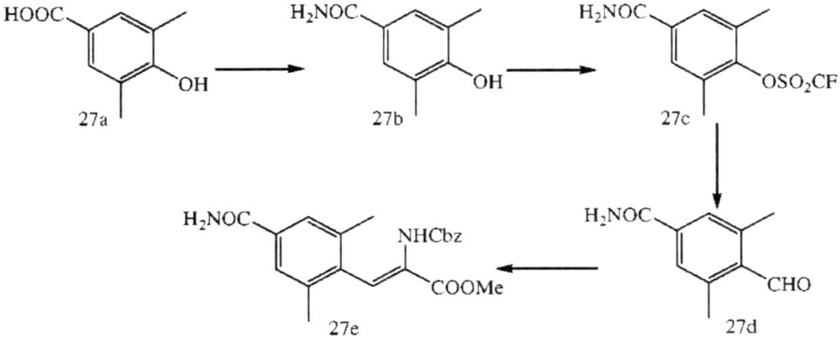

ETAPA A. 4-Hidroxi-3,5-dimetil-benzamida

Utilizando o procedimento descrito no Exemplo 26, etapa D, a 4-hidroxi-3,5-dimetil-benzamida (27a) foi preparada como um sólido amarelado. [1]RMN de H (300 MHz, $CDCI_3$): 52,82 (6H, s), 5,51 (1H, br s), 5,90 (1H, br s), 7,48 (2H, s); MS(ES^+) (intensidade relativa): 166.2 (8%)(M+1).

ETAPA B. Éster 4-carbamoil-2,6-dimetil-fenílico do ácido trifluorometanossulfónico

A uma solução de 4-hidroxi-3,5-dimetilbenzamida (3,72 g, 22,5 mmol) e N-feniltrifluorometanosulfoniunimida (9,4 g, 25 mmol) em DCM (80 ml) foi adicionada TEA (3,48 ml, 25 mmol) à temperatura ambiente, tendo a mistura resultante sido agitada à temperatura ambiente durante a noite. Depois de a reação ter sido extinta por adição de água, a fase orgânica separada foi lavada com NaOH 1 N, água e depois seca sobre $MgSO_4$. O solvente foi removido e o resíduo foi purificado por cromatografia em coluna flash (eluente: EtOAc-hexanos~1:1) para obter um éster de 4-carbamoil-2,6-dimetil-fenil do ácido trifluorometanossulfónico (27 b) como um sólido branco. ^{1}H NMR (300 MHz, $CDCI_3$): δ 2,42 (6H, s), 6,28 (2H, br s), 7,57 (2H, s) MS(ES^+) (intensidade relativa): 298.1 (63%)(M+1).

ETAPA C. 4-Formil-3,5-dimetil-benzamida

Numa solução de éster 4-carbamoil-2,6-dimetil-fenílico do ácido trifluoro-metanossulfónico (1,49 g, 5 mmol), Pd(OAc)2 (0,037 g, 0,15 mmol), DPPP (0.062 g,

0,15 mmol) e TEA (1,74 mL, 12,5 mmol) em DMF (25 ml) foi borbulhado CO (gás) durante 10 min, depois foi adicionado trietilsilano (1,6 mL, 10 mmol). A mistura resultante foi agitada a 75^0 C sob um balão de gás CO durante 6,5 horas. Depois de arrefecer até à temperatura ambiente, a reação foi extinta por adição de água e depois extraída com EtOAc. Os extractos de EtOAc foram lavados com água, salmoura e depois secos sobre $MgSO_4$. Após filtração e evaporação, o resíduo foi purificado por cromatografia em coluna (eluente, EtOAc-hexanos~1:1) para obter 4-formil-3,5-dimetil-benzamida (27c) como um sólido amarelado. ^{1}RMN de H (300 MHz, $CDCl_3$): δ 2,65 (6H, s), 5,75 (1 H, br s), 6,13 (1 H, br s), 7,52 (2H, s), 10,64 (1H, s). PASSO D. Éster metílico do ácido (Z)-2-benziloxicarbonilamino-3-(4-carbamoil-2,6-dimetilfenil)acrílico O composto em causa foi preparado como descrito no Exemplo 26, etapa E.

Exemplo-28 Medições da rotação ótica:

A rotação ótica de uma amostra representativa do composto de fórmula (Ia), preparado como no Exemplo 1, foi medida como [α] D = -12 (c 1,5, MeOH). A rotação ótica de uma amostra representativa do composto de fórmula (17a), preparado como no Exemplo 25, a partir de (S)-N- BOC-Tyr-OMe adquirido no mercado, foi medida como [α] D = -10,8 (c 1,7, MeOH).

Embora a especificação precedente ensine os princípios da presente invenção, com exemplos fornecidos para efeitos de ilustração, será entendido que a prática da invenção engloba todas as variações, adaptações e/ou modificações habituais no âmbito das reivindicações seguintes e seus equivalentes.

3_ WO2009009480 (a seguir designado por WO'480)[12]	
Título	Novos cristais e processo de fabrico do ácido 5-({[2-amino-3-(4-carbamoil-2,6-dimetilfenil)-propionil]-[1 -(4-fenil- 1h-imidazol-2-il)-etil]-amino}-metil)-2-metoxi-benzoico
Requerente	Janssen Pharmaceutica NV [BE]
Data de apresentação	7-Jul-2008

Dados prioritários	N.º de prioridade	Data de prioridade
	US20070948584P	20070709
Estatuto jurídico	Patente concedida (Estatuto para El Data de expiração prevista: 7-Ju	P2176234); l-2028.
Equivalentes	WO2009009480 (A3) AU2008275270 (A1) AU2008275270 (B2) AU2008275270 (C1) BRPI0813632 (A2) CA2695126 (A1) CN101730685 (A) CN105111149 (A) CO6260079 (A2) CR11260 (A) EA020024 (B1) EA201070116 (A1) ECSP109863 (A) EP2176234 (A2) EP2176234 (B1) ES2567077 (T3) HK1141519 (A1) HUE028538 (T2) HUS1700011 (I1) IL203081 (A) JP2010533191 (A) JP2014144946 (A) JP2015129154 (A) JP2016128433 (A) JP5702140 (B2)	
	JP5852625 (B2) JP5870220 (B2) KR101590596 (B1) KR101690161 (B1) KR20100043210 (A) KR20150080006 (A) MX339569 (B) NZ582420 (A) SG185941 (A1) UA104713 (C2) US2009018179 (A1) US2011263868 (A1) US2014011851 (A1) US2014221444 (A1) US2015099724 (A1) US2016015724 (A1) US2016354389 (A1) US7994206 (B2) US8609865 (B2) US8691860 (B2) US8859604 (B2) US9115091 (B2) US9364489 (B2) US9789125 (B2)	
Observações		

WO2009009480 Pedido PCT atribuído à Janssen Pharmaceutica, N. V. e o seu estado atual é Patente Concedida (Estado para EP2176234); Data de expiração estimada: 7-Jul-2028.

A invenção PCT WO'480 está relacionada com novos cristais de ácido 5-({[2-amino-3-(4-carbamoil-2,6-dimetil-fenil)-propionil]-[1-(4-fenil-1 h-imidazol-2-il)-etil]- amino}-metil)-2-metoxi-benzoico e métodos de produção do zwitterion do ácido 5-({[2-amino-3-(4-carbamoil-2,6-dimetil-fenil)-propionil]-[1-(4-fenil-1h-imida-zol-2-il)-etil]-

amino}-metil)ácido -2-metoxibenzóico.

A invenção da WO'480 refere-se a um cristal de forma α do ácido 5-({[2-amino- 3-(4-carbamoil-2,6-dimetil-fenil)-propionil]-[1 -(4-fenil- lh-imidazol-2-il)-etil] - amino }-metil)-2-metoxibenzóico, que é caracterizado por um padrão de difração de raios X em pó com picos de difração de raios X em pó a cerca de 10.2, 11.3, 11.8, 14 0, 14.3,14.7, 16.1, e 18.3 graus 2-teta. A forma α-cristal é caracterizada por um padrão de difração de raios X em pó com picos de difração de raios X em pó substancialmente como mostrado na Figura-1. Num outro aspeto da presente invenção, um cristal da Forma α é caracterizado por uma análise gravimétrica térmica (TGA) substancialmente semelhante à TGA da Figura 2. Num outro aspeto da presente invenção, um cristal da Forma α é caracterizado por uma medição de calorimetria diferencial de varrimento (DSC) substancialmente semelhante à DSC da Figura 3. A invenção compreende também um método de tratamento de um mamífero que sofra de uma perturbação dos receptores opióides, como a síndrome do intestino irritável, incluindo a administração ao referido mamífero de uma quantidade eficaz de um cristal da forma α do ácido 5-({[2-amino-3-(4-carbamoil-2,6-dimetil-fenil)-propionil]-[1-(4-fenil-lH- imidazol-2-il)-etil]-amino}-metil)-2-metoxibenzóico.

A invenção também diz respeito a um cristal de forma β do ácido 5-({[2-amino- 3-(4-carbamoil- 2,6-dimetil-fenil)-propionil]-[l-(4-fenil-lh-imidazol-2-il)-etil]-amino}-metil)-2-metoxibenzóico. Num aspeto da presente invenção, um cristal da forma β é caracterizado por um padrão de difração de raios X em pó com picos de difração de raios X em pó a cerca de 11,0, 12,4 e 15,2 graus 2-teta. Num outro aspeto da presente invenção, um cristal da Forma β, que é caracterizado por um padrão de difração de raios X em pó com picos de difração de raios X em pó a cerca de 11,0, 12,4, 14,9, 15,2, 22,1, 25,6, 27,4 e 30,4 graus 2-teta. O cristal da Forma β é caracterizado por um padrão de difração de raios X em pó com picos de difração de raios X em pó substancialmente como mostrado na Figura 1. Num outro aspeto da presente invenção, um cristal da forma β é caracterizado por uma análise gravimétrica térmica (TGA) substancialmente semelhante à TGA da Figura 4. Num outro aspeto da presente invenção, um cristal da Forma β é caracterizado por uma medição de calorimetria diferencial de varrimento (DSC) substancialmente semelhante à DSC da Figura 5. Numa das modalidades da presente invenção, um cristal da forma β é substancialmente puro.

Exemplo-29: Preparação do zwitterion do ácido 5-({[2-Amino-3-(4-carbamoil-2,6-dimetil-fenil-propionil-[1-(4-fenil-1H-imidazol-2-il)-etil-l-amino-I- metil-2-metoxi-benzoico (Fórmula-X):

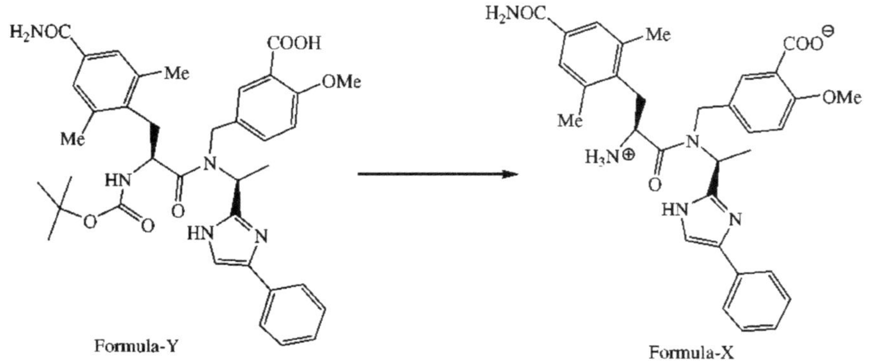

Formula-Y

Formula-X

Carregou-se, sem agitação, um balão de fundo redondo de três tubos, de 1 litro, equipado com um agitador mecânico, uma ampola de adição e um termopar. Juntaram-se no balão 34,2 g de ácido 5-({[2-tert-butoxicarbonilamino-3-(4-carbamoil-2,6-dimetilfenil)-propionil]-[l-(4-fenil- lH-imidazol-2-il)-etil]-amino}-metil)-2-metoxibenzóico [(Fórmula-Y) ver Exemplo 9 do documento US 2005/0203143)], 340 ml de acetona e 17 ml de HCl concentrado a 204 mmolar. A agitação foi iniciada e a pasta resultante formou uma solução límpida. Esta solução foi aquecida a 45° C sob agitação vigorosa e envelhecida a esta temperatura durante um período de duas horas. Após a conclusão, a massa reacional foi arrefecida à temperatura ambiente e o sobrenadante foi removido por sucção. O recipiente com o resíduo foi lavado com 20 ml de acetona e depois removido como anteriormente. Adicionaram-se 170 ml de água à massa reacional e envelheceu-se sob agitação até se obter uma solução homogénea. Esta solução foi então adicionada, durante ~l/2h, a uma solução de 90 ml de NaOH IN e água. O pH foi ajustado para 6,5-7,0 em conformidade. A pasta resultante foi envelhecida durante cerca de 2 horas à temperatura ambiente, arrefecida a 10-15° C, envelhecida a essa temperatura durante cerca de 1 hora e depois filtrada. O sólido foi lavado com 10 ml de água, seco ao ar durante um período de 4 a 5 horas e depois colocado numa estufa de vácuo a 50-55° C até o teor de água ser inferior a 3%.

EXEMPLO-30: Preparação do cristal da forma [alfa]

O cristal da forma [alfa] pode ser preparado armazenando o zwitterion do ácido 5-({[2-amino-3- (4-carbamoil-2,6-dimetil-fenil)-propionil]-[1-(4-fenil-1H-imidazol-2-il)-etil]-amino}-metil)-2-metoxibenzóico a 0-25% de humidade relativa durante 3 dias. Os dados representativos de PXRD, TGA e DSC são apresentados nas Figuras 1-3, respetivamente.

EXEMPLO 31: Preparação da forma [beta] cristal

O cristal da forma [beta] pode ser preparado armazenando o zwitterion do ácido 5-({[2-amino-3- (4-carbamoil-2,6-dimetil-fenil)-propionil]-[1-(4-fenil-1H-imidazol-2-il)-etil]-amino}-metil)-2-metoxi-benzoico a mais de 60% de humidade relativa durante 3 dias. Os dados representativos de PXRD, TGA e DSC são apresentados nas Figuras 1, 4 e 5, respetivamente.

BREVE DESCRIÇÃO DOS DESENHOS:

Figura-1	:	Ilustra as medições de difração de raios X em pó (PXRD) de um cristal representativo da forma [alfa].
Figura-2	:	Ilustra uma medição de análise gravimétrica térmica (TGA) de um cristal representativo da forma [alfa].
Figura-3	:	Ilustra uma medição por calorimetria diferencial de varrimento (DSC) de um cristal representativo da forma [alfa].
Figura-4	:	Ilustra uma medição de análise gravimétrica térmica (TGA) de um cristal representativo da forma [beta].
Figura-5	:	Ilustra uma medição por calorimetria diferencial de varrimento (DSC) de um cristal representativo da forma [beta].
Figura-6		A estrutura molecular do zwitterion 5-({[2-amino-3-(4-carbamoil-2,6-dimetil-fenil)-propionil]-[1-(4-fenil-lh-imidazol-2-il)-etil]-amino } -metil)-2-metoxi-benzoico.

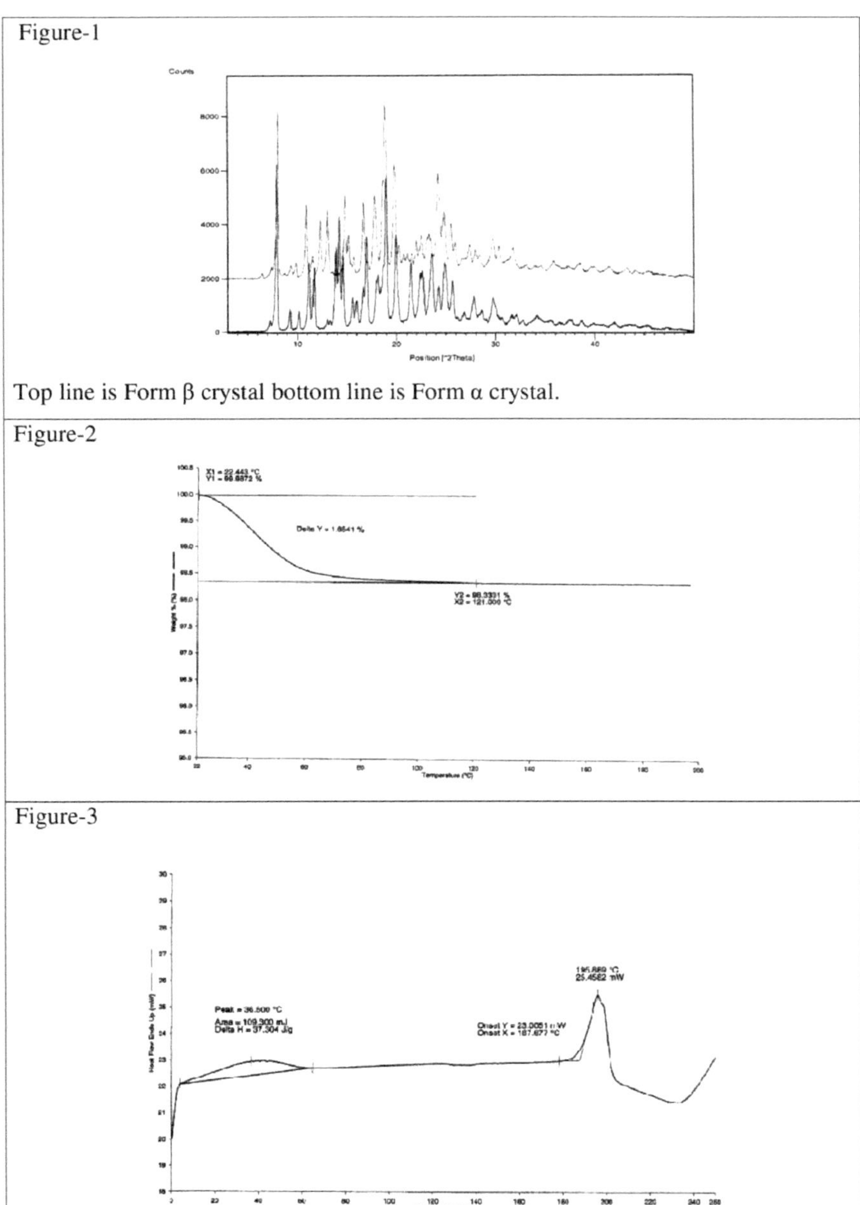

Figure-1

Top line is Form β crystal bottom line is Form α crystal.

Figure-2

Figure-3

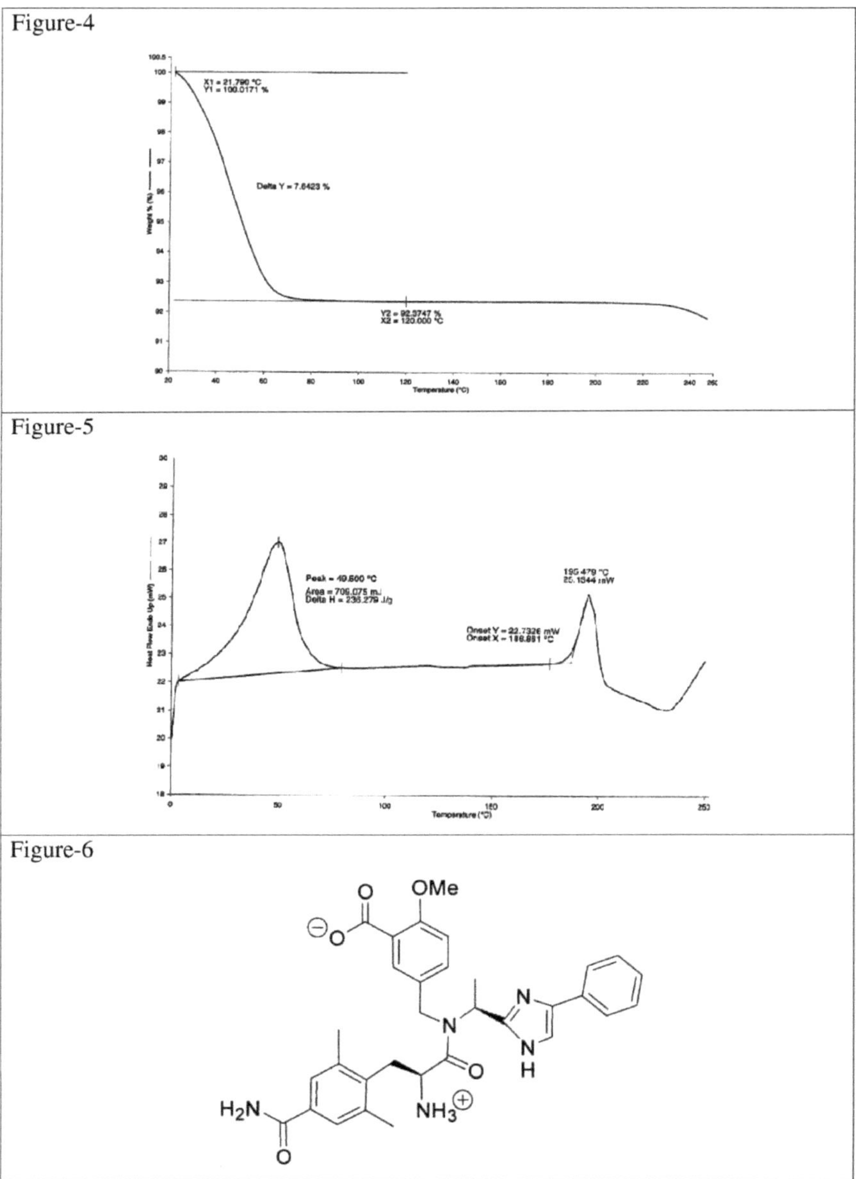
Figure-4
X1 = 21.790 °C
Y1 = 100.0171 %
Delta Y = 7.6423 %
Y2 = 92.3747 %
X2 = 120.000 °C
Temperature (°C)
Figure-5
Peak = 49.600 °C
Area = 706.075 mJ
Delta H = 236.279 J/g
195.479 °C
25.1344 mW
Onset Y = 22.7326 mW
Onset X = 186.881 °C
Temperature (°C)
Figure-6
OMe
O
N
N
H
NH3
H2N
O

4_WO2016135756 (a seguir designado por WO'756)[13]		
Título	Processo para a preparação de intermediários úteis na síntese de Eluxadolina	
Requerente	Actavis Group Ptc Ehf [IS]	
Data de apresentação	22-Fev-2016	
Dados prioritários	N.º de prioridade	Data de prioridade
	IS20150009062	20150223
Estatuto jurídico	Foi efectuada uma publicação internacional	
Equivalentes	IS2977 (B)	
Observações	- - - -	

WO2016135756 Pedido PCT atribuído ao Actavis Group Ptc Ehf [IS] e o seu estado atual é o de publicação internacional.

A invenção refere-se a um processo melhorado para a preparação de [(S)-1-(4-fenil-1-H-imidazol-2-il)-etil]-amina. O processo envolve a formação de um novo composto cristalino intermédio, ou seja, o oxalato de éster terc-butílico do ácido [(S)-1-(4-fenil-1-H-imidazol-2-il)-etil]-carbâmico.

A presente invenção refere-se, num aspeto, ao sal ácido de um composto com a fórmula

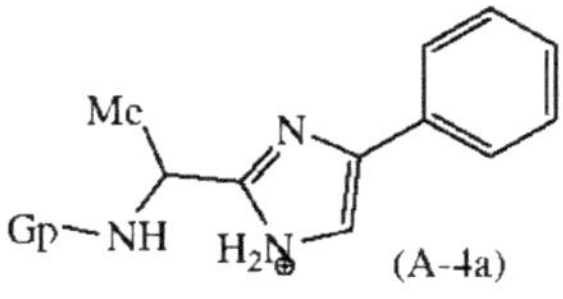

(A-4a)

em que Gp é um grupo de proteção amino. Numa forma de realização preferida, o composto é um sal de oxalato. A invenção diz ainda respeito ao composto cristalino [(S)-l-(4- fenil-l-H- imidazol-2-il)-etil]-carbâmico oxalato de éster terc-butílico do ácido. O composto, quando obtido pelo processo aqui divulgado, tem a vantagem distinta e única de poder ser obtido com elevado rendimento e pureza muito elevada pelo processo divulgado

A invenção abrange o processo de preparação de (S)-l-(4-fenil-l-H-imidazol-2-il)-

etanamina que compreende as etapas de;

a) Tratamento da L-alanina com um grupo de proteção amino para obter uma L-alanina protegida com amino;

b) Reação da L-alanina protegida com amino com cloreto de fenacilo para obter o composto de fórmula (A-2a);

c) Tratamento do composto de fórmula (A-2a) com acetato de amónio para formar uma (S)-l-(4-fenil-l-H-imidazol-2-il)-etanamina protegida com aminoácidos;

d) Tratar a (S)-l-(4-fenil-l-H-imidazol-2-il)-etanamina protegida com um ácido adequado para obter um sal ácido de (S)-l-(4-fenil-l-H-imidazol-2-il)-etanamina protegido com aminoácidos de fórmula (A-4a);

e) conversão do sal ácido de (S)-l-(4-fenil-l-H-imidazol-2-il)-etanamina protegido com aminoácidos da fórmula (A-4a) em (S)-l-(4-fenil-l-H-imidazol-2-il)-etanamina protegido com aminoácidos por tratamento com uma base; e

f) desproteger a (S)-l-(4-fenil-l-H-imidazol-2-il)-etanamina protegida com aminoácidos para obter a (S)-l-(4-fenil-l-H-imidazol-2-il)-etanamina do composto de fórmula (II).

A invenção abrange igualmente o processo de preparação do sal ácido de (S)-l-(4- fenil-lH-imidazol-2-il)-etanamina protegido com aminoácidos da fórmula (A-4a), que compreende as etapas de:

a) Tratamento da L-alanina com um grupo de proteção amino para obter uma L-alanina protegida com amino;

b) Reação da L-alanina protegida com amino com cloreto de fenacilo para obter o composto de fórmula (A-2a);

c) Tratamento do composto de fórmula (A-2a) com acetato de amónio para formar uma (S)-l-(4-fenil-l-H-imidazol-2-il)-etanamina protegida com aminoácidos;

d) Tratar a (S)-l-(4-fenil-l-H-imidazol-2-il)-etanamina protegida com um ácido adequado para obter um sal ácido de (S)-l-(4-fenil-l-H-imidazol-2-il)-etanamina protegido com aminoácidos de fórmula (A-4a);

A invenção diz respeito ao oxalato de éster terc-butílico do ácido [(S)-l-(4-fenil-l-H-imidazol-2-il)-etil]-carbâmico cristalino. De preferência, o composto é caracterizado por pelo menos uma das seguintes caraterísticas

a) Picos de difração de raios X em pó com valores 2-teta de cerca de 9,05, 10,66, 13,3, 14,69, 16,78, 19,0, 20,76, 21,64, 24,84 e 25,69°.

b) Um termograma de calorimetria diferencial de varrimento com um pico endotérmico a cerca de 93°C.

Esquema de reação-32

Em que Gp é um grupo protetor amino, HX é qualquer ácido orgânico ou inorgânico e X^- é o anião do correspondente sal de ácido orgânico ou inorgânico.

Esquema de reação-33

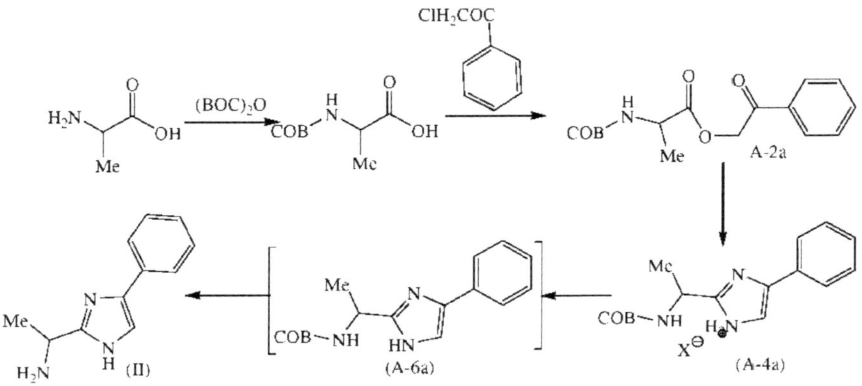

Exemplo-32: Síntese de Boc-S-Alanina (Esquema-34).

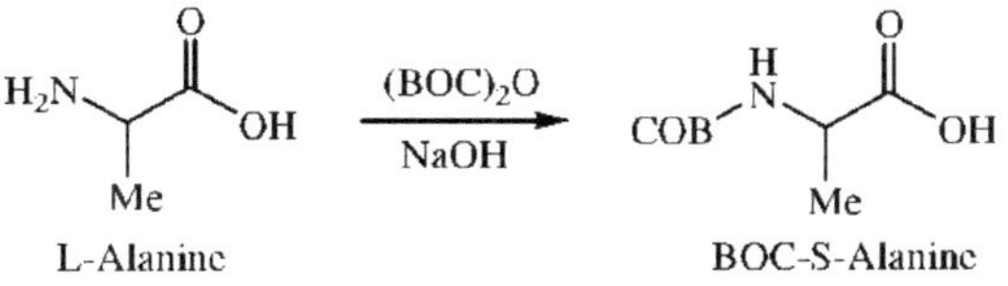

Numa solução arrefecida de L-alanina (100g) em água (500ml) e mistura de 1,4-dioxano (100ml), adicionou-se hidróxido de sódio (44,9g) a 0-5°C. A solução resultante foi agitada durante 15 minutos a esta temperatura, seguida da adição, gota a gota, de uma solução de anidrido di-terc-butoxicarbonílico (257g) em 1,4-dioxano (100ml), mantendo a temperatura a 0-5°C. A mistura reacional foi agitada à temperatura ambiente durante 12 a 15 horas, até estar completa. A massa reacional foi arrefecida a 05°C e adicionou-se acetato de etilo (800ml), seguido de adição gota a gota de ácido clorídrico (112,3ml). A camada orgânica foi separada e a camada aquosa foi então extraída com acetato de etilo (200 ml). As camadas orgânicas combinadas foram lavadas com água e o solvente foi evaporado. O produto foi recristalizado em n-hexano (600 ml) para obter 192,5 g (90,6%) de Boc-alanina.

Exemplo-33: Síntese do fenaciléster de Boc-S-Alanina (Esquema-35).

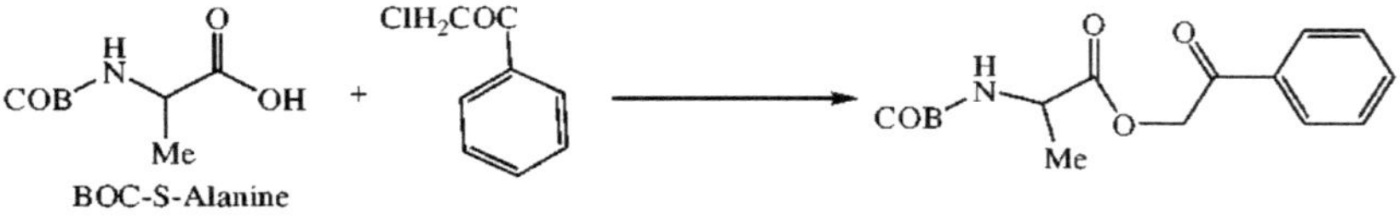

A uma solução de Boc-S-Alanina (146,7g) em dimetilformamida (500mL) a 20-30°C foi adicionado carbonato de potássio (53,6g) e a mistura reacional foi agitada durante 30 minutos a 20-30°C. Adicionou-se cloreto de fenacilo (100 g) à mistura reacional e a mistura resultante foi agitada até a reação estar completa (cerca de 3-6 horas). Após a conclusão da reação, a massa reacional foi arrefecida a 15-25°C, seguida da adição de acetato de etilo (1000ml) e água (1500ml). A camada orgânica foi separada e lavada com água. O solvente foi evaporado e o produto obtido foi recristalizado em hexano (400 ml) para produzir 193 g (81%) de produto puro com pureza quiral de 100%, pureza HPLC de 99,8%.

Exemplo-34: Síntese do sal oxalato do éster terc-butílico do ácido [(S)-l-(4-fenil-1H-imidazol-2-il)-etil]-carbâmico (Esquema-36):

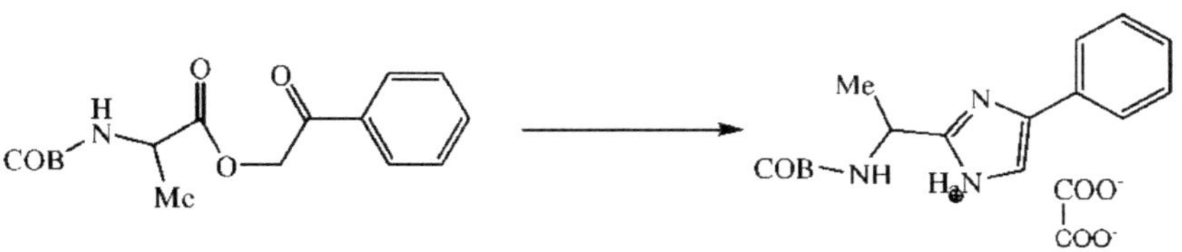

Uma mistura de Boc-S-Alanina Fenaciléster (340g) e acetato de amónio (1313,86g) em tolueno (1750ml) foi aquecida a 95-105°C durante duas a três horas. Após a reação ter terminado, a massa reacional foi arrefecida a 40-45°C e adicionou-se água (200ml). A camada orgânica foi separada e destilada sob pressão reduzida. O resíduo resultante foi dissolvido em acetato de etilo (400 ml). O ácido oxálico (139,5 g) foi adicionado a esta solução a 20-30°C e a suspensão foi agitada durante duas horas a 05°C, filtrada e lavada com acetato de etilo (150 ml). O produto assim obtido foi seco a 45-50°C para dar 491g (95%) de sal oxalato de éster terc-butílico do ácido [(S)-l-(4- fenil-l-H-imidazol-2-il)-etil]-carbâmico com 99% de pureza. O produto final é caracterizado por um padrão de difração de raios X em pó (XRD) como se mostra na Figura 7. O sal de oxalato de éster terc-butílico do ácido [(S)-l-(4-fenil-l-H-imidazol-2-il)-etil]-carbâmico é ainda caracterizado por um espetro de infravermelhos (IR), como se mostra na Figura 8, uma calorimetria diferencial de varrimento (DSC) com um pico principal a cerca de 93°C, como se mostra na Figura 9, e tem uma pureza por HPLC de pelo menos 99,66%, como se mostra na Figura 10.

Exemplo-35: Síntese de [(S)-l-(4-fenil-l-H-imidazol-2-il)-etil]-amina (esquema-37):

Me
NH_2
COO⁻
NH
COO⁻
COB
Me
N
COB—NH
HN
Me
N
N
H
H_2N

Adicionou-se uma solução aquosa de carbonato de sódio (5000 ml de água e 456 g de carbonato de sódio) à solução de sal de oxalato de Boc-(S)-l-(4-fenil-l-H-imidazol-2-il)etanamina (491 g) em diclorometano (2000 ml). Após agitação durante duas horas, as camadas orgânicas foram separadas e a camada aquosa foi extraída com diclorometano (600 ml). As camadas orgânicas combinadas foram concentradas sob pressão reduzida. O resíduo obtido foi dissolvido numa solução metanólica de cloridrato a 5% (1500 ml). A solução foi aquecida a 50-65°C até à conclusão da reação. A mistura reacional foi arrefecida a 10-15°C e foi adicionado carbonato de sódio (38g) à mistura reacional, seguido de agitação durante duas horas. A solução foi filtrada e o filtrado concentrado para obter 160g (81%) do produto [(S)-l-(4-fenil-l-H- imidazol-2-il)-etil]-amina com 99,4% de pureza por HPLC e mais de 99% de pureza quiral.

Breve descrição dos desenhos:

Figura-7	Apresenta a análise estrutural do oxalato de éster terc-butílico do ácido [(S)-l-(4-fenil-l-H-imidazol-2-il)-etil]-carbâmico por difração de raios X (DRX), obtido pelo processo da invenção.
Figura-8	Apresenta um espetro de infravermelhos (IV) do oxalato de éster terc-butílico do ácido [(S)-l-(4-fenil-l-H-imidazol-2-il)-etil]-carbâmico, obtido pelo processo da invenção.
Figura-9	Mostra os resultados da Calorimetria Exploratória Diferencial (DSC) do

	oxalato de éster terc-butílico do ácido [(S)-l- (4-fenil-l-H- imidazol-2-il)-etil]-carbâmico, obtido pelo processo da invenção.
Figura-10	Mostra os resultados da análise por HPLC do oxalato de éster terc-butílico do ácido [(S)-l-(4-fenil-l-H-imidazol-2-il)-etil]-carbâmico, obtido pelo processo da invenção.

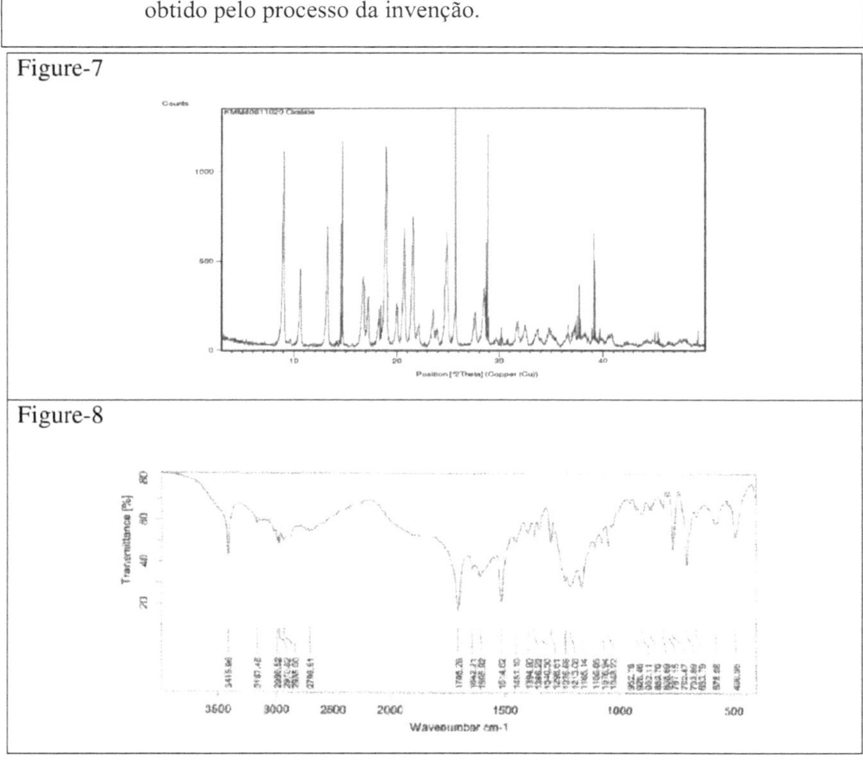

Figure-7

Figure-8

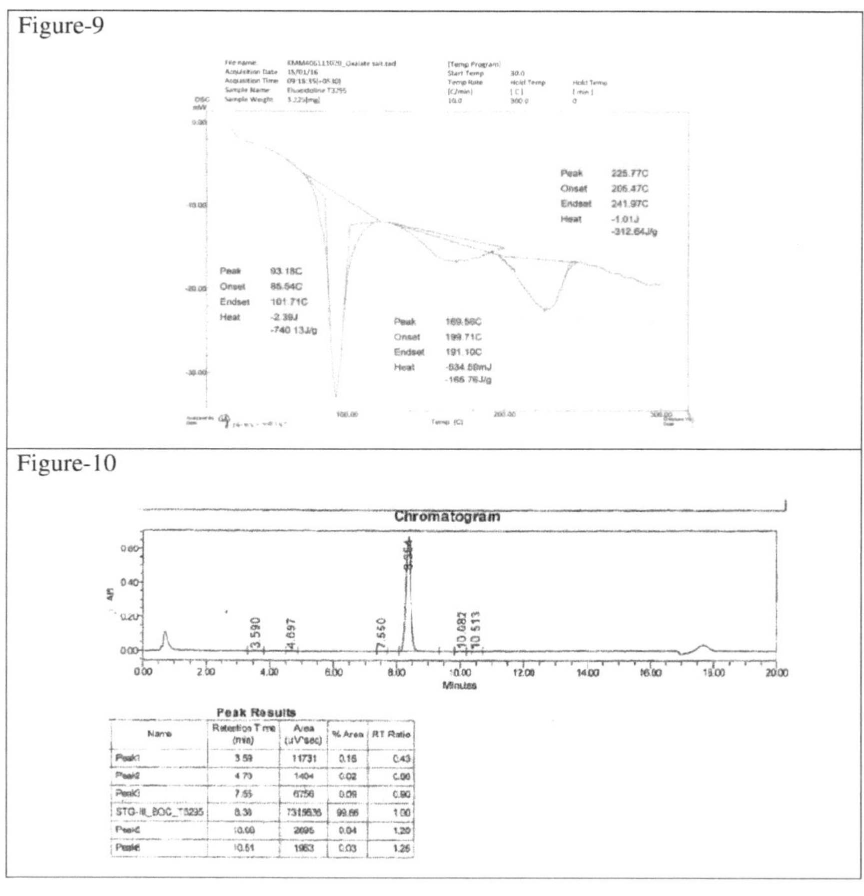

Peak Results

Name	Retention Time (min)	Area (uV*sec)	% Area	RT Ratio
Peak1	3.59	11731	0.16	0.43
Peak2	4.70	1404	0.02	0.56
Peak3	7.55	6756	0.09	0.90
STG-III_BOC_T3295	8.38	7315636	99.66	1.00
Peak4	10.08	2695	0.04	1.20
Peak5	10.51	1963	0.03	1.25

<table>
<tr><td colspan="3">5_WO2017015606 (a seguir designado por WO'606)[ ][14]</td></tr>
<tr><td>Título</td><td></td><td>Formas de estado sólido da eluxadolina</td></tr>
<tr><td>Requerente</td><td></td><td>Teva Pharmaceuticals Int Gmbh [CH]; Teva Pharma [US]</td></tr>
<tr><td>Data de apresentação</td><td></td><td>22-julho-2016</td></tr>
<tr><td rowspan="2">Dados prioritários</td><td rowspan="2"></td><td>N.º de prioridade Data de prioridade</td></tr>
<tr><td>US201562260972P 20151130 ; US201562195959P 20150723 ;</td></tr>
</table>

		US201562250128P20151103 ; US201562254517P 20151112
Estatuto jurídico	:	Foi efectuada uma publicação internacional
Equivalentes	:	---
Observações	:	----

WO2017015606 Pedido PCT atribuído à Teva Pharmaceuticals [US] e o seu estado atual é o de publicação internacional.

O WO'606 divulga formas de Eluxadolina no estado sólido, processos para as suas preparações, composições que as incluem e a sua utilização médica. A presente invenção abrange igualmente formas de Eluxadolina no estado sólido para utilização na preparação de outras formas de Eluxadolina no estado sólido, nomeadamente a forma alfa.

A presente invenção fornece ainda formas de estado sólido (que incluem formas cristalinas e amorfas) de Eluxadolina para utilização na preparação de outras formas de estado sólido de Eluxadolina, ou outros sais de Eluxadolina e suas formas de estado sólido, em particular a forma alfa de Eluxadolina, forma I, forma II, forma III e forma IV.

Processo de preparação de eluxadolina amorfa que inclui

a) reação de um éster alquílico, de preferência um éster C1-C6-alquílico, e mais preferivelmente um éster metílico, de eluxadolina com uma base na presença de um solvente que inclua água, e

b) isolar a eluxadolina amorfa da mistura de reação.

A presente invenção também descreve a forma alfa, que é caracterizada por um padrão de difração de raios X em pó com picos a 8,0, 11,3, 14,3, 17,1 e 20,1 ± 0,2 graus dois-teta. A forma alfa descrita na presente invenção pode ainda ser caracterizada por um padrão de difração de raios X em pó com picos a 9,4, 10,2, 11,3, 14,7 e 19,1 graus dois-teta ± 0,2 graus dois-teta. Tal como utilizado no presente documento, e salvo indicação em contrário, o termo forma cristalina de eluxadolina beta, ou forma beta ou forma de eluxadolina beta refere-se à forma cristalina beta tal como descrita em US 8,691,860 ou

US

1.2 94,206. De acordo com a patente '206, a forma beta é caracterizada por um padrão de difração de raios X em pó com picos de difração de raios X em pó a cerca de 11,0, 12,4, 14,9, 15,2, 22,1, 25,6, 27,4 e 30,4 graus 2- theta. Um padrão de difração de raios X em pó de acordo com esta patente é mostrado na Figura 13 (linha superior).

A forma cristalina I da eluxadolina pode ainda ser caracterizada pelo padrão de difração de raios X em pó com picos a 6,4, 7,5, 9,1, 10,0 e 13,0 graus dois theta ± 0,2 graus dois theta e também com qualquer um, quaisquer dois, quaisquer três ou mais picos adicionais selecionados de 11,0, 12,0, 14,4, 15,8 e 18,3 ± 0,2 graus dois theta ± 0,2 graus dois theta. A forma cristalina I da eluxadolina pode ser um solvato de THF.

A forma cristalina II da eluxadolina pode ainda ser caracterizada por um padrão de difração de raios X em pó com picos em: 7,2, 11,6, 12,1, 12,7 e 16,9 graus 2 theta ± 0,2 graus 2 theta e também com um, dois, três, quatro ou cinco picos selecionados entre: 9,9, 14,4, 14,9, 19,2 e 19,9 graus 2 theta ± 0,2 graus 2 theta. As referidas formas no estado sólido da eluxadolina podem ser obtidas quer na forma húmida, quer na forma seca.

A forma cristalina III da eluxadolina pode ser caracterizada por cada uma das caraterísticas acima referidas isoladamente e/ou por todas as combinações possíveis.

A forma cristalina IV da eluxadolina pode ainda ser caracterizada pelo padrão de difração de raios X em pó com picos a 9,3, 10,2, 11,5, 13,3 e 21,8 graus 2 theta ± 0,2 graus 2 theta e também com qualquer um, quaisquer dois, quaisquer três ou mais picos adicionais selecionados de 6,5, 11,2, 14,7, 16,1, 20,1 ± 0,2 graus 2 theta ± 0,2 graus 2 theta.

Exemplo de referência:

O dicloridrato de eluxadolina pode ser preparado de acordo com o procedimento descrito na norma US 7,741,356.

Exemplo-36: Preparação de Eluxadolina amorfa

13.6 g de dicloridrato de eluxadolina foram dissolvidos em água (140 ml) e a solução foi adicionada, gota a gota, a uma mistura de NaOH 2M (20 ml) e água (120 ml). Quando toda a solução foi adicionada, o pH da mistura foi ajustado para pH 6,6 e a mistura foi agitada durante 1 hora a 0-5 °C. A suspensão obtida foi filtrada e o bolo obtido foi lavado com água e agitado a 50 °C durante lOh. Obteve-se 9,8 g de eluxadolina, a amostra foi caracterizada por PXRD - obteve-se uma forma amorfa (PXRD é mostrado na Figura-11).

Exemplo-37: Preparação da forma cristalina I da eluxadolina

Cerca de 1 g de eluxadolina amorfa foi agitada em 10 ml de tetra-hidrofurano ("THF") a uma temperatura de cerca de 37°C. Após 24 h, uma amostra húmida da suspensão obtida foi analisada por PXRD (foi detectada a forma I). A suspensão foi então filtrada através de papel de filtro colocado num funil e o sólido branco obtido foi caracterizado por PXRD - a forma I foi obtida (Figura-12).

Exemplo-38: Preparação da forma cristalina alfa da eluxadolina

Cerca de 9,5 mg da forma I foram colocados num recipiente hermético de alumínio com um orifício. A amostra foi aquecida no Q1000 MDSC (TA instruments) com uma taxa de aquecimento de 10 °C/min, sob um fluxo de azoto de 50 ml/min. A amostra foi aquecida até 140 °C e depois mantida isotérmica durante cerca de 10 minutos. O recipiente foi retirado do DSC e arrefecido até à temperatura ambiente. O sólido foi retirado da panela e verificado por PXRD.

Exemplo-39: Preparação da forma cristalina II da eluxadolina

1 grama de eluxadolina amorfa foi colocado num frasco fechado para estar em contacto com vapor de metanol a 25 °C. Durante este tempo, a eluxadolina amorfa cristaliza em contacto com o vapor de metanol até à conversão total do material amorfo em cristalino. O pó branco cristalino foi finalmente verificado após 30 dias e foi encontrada uma nova forma cristalina de eluxadolina denominada forma II.

Exemplo-40: Preparação da forma cristalina II da eluxadolina

A eluxadolina amorfa (0,75 g) foi suspensa em metanol (5 ml). A suspensão resultante foi aquecida a 50 °C durante 4 h. A mistura reacional arrefecida (temperatura ambiente) foi filtrada. O pó cristalino sólido branco foi verificado por XRD e verificou-se ser a forma II.

Exemplo-41: Preparação da forma alfa da eluxadolina

Cerca de 0,73 g de eluxadolina forma II foram secos durante cerca de 16 h a 60 °C e 10 mbar para obter 0,35 g de eluxadolina forma alfa, que foi caracterizada por XRD.

Exemplo42: Preparação da forma alfa da eluxadolina

A eluxadolina amorfa (7 g) foi suspensa em tetra-hidrofurano (42 ml). A suspensão resultante foi aquecida a 50 °C durante 22,5 horas. A mistura reacional arrefecida (temperatura ambiente) foi filtrada e seca (23 horas, 50 °C, 10 mbar). A eluxadolina sólida obtida foi caracterizada por XRD e confirmada como sendo a forma alfa (4 g).

Exemplo-43: Preparação da forma alfa da eluxadolina

A eluxadolina amorfa (13,7 g) foi suspensa em tetrahidrofurano (68 ml). A suspensão resultante foi aquecida a refluxo durante 5,5 horas. A mistura reacional arrefecida (à temperatura ambiente) foi filtrada. Uma porção de cristais húmidos foi seca a 50 °C (16,5 h, 10 mbar). A segunda porção foi seca a 100 °C (16,5 h, 10 mbar). Em ambos os casos, obteve-se a forma alfa da eluxadolina, caracterizada por XRPD.

Exemplo-44: Preparação da forma alfa da eluxadolina

A eluxadolina amorfa (16,5 g) foi suspensa em tetra-hidrofurano (83 ml) e a suspensão resultante foi aquecida em refluxo durante 3,5 horas. A suspensão foi arrefecida a 0-5 °C, agitada durante 0,5 h, filtrada e o sólido foi lavado com THF frio. Uma porção do sólido (7,6 g) foi seca a 60 °C durante 20h, obtendo-se a forma alfa (5,99 g). Uma segunda porção (8,66 g) do sólido foi seca a 80 °C durante 20h, obtendo-se a forma alfa (6,6 g), que foi caracterizada por XRPD.

Exemplo-45: Preparação de Eluxadolina amorfa estável

Dissolveram-se 17 g de cloridrato de eluxadolina em água (175 ml) a quente. A solução, arrefecida à temperatura ambiente, foi adicionada gota a gota a uma mistura de água (120 ml) e NaOH 2M (30 ml) e o pH foi ajustado para 6,6 após a adição. A suspensão foi agitada à temperatura ambiente durante 1 hora e, adicionalmente, a 0-5 °C durante 1 hora e aspirada. O bolo foi lavado com água fria e seco a 50 °C durante 15h, obtendo-se 13,5 g de eluxadolina amorfa.

A forma amorfa obtida foi armazenada em várias condições, e o PXRD foi analisado após 3 e 7 dias:

Os resultados acima indicam que todas as amostras expostas a RH 0-10% durante um período de 7 dias não apresentaram quaisquer alterações, pelo que a eluxadolina amorfa é surpreendentemente muito estável.

Exemplo-46: Preparação de Eluxadolina amorfa estável

O 5-((((S)-2-amino-3-(4-carbamoil-2,6-dimetilfenil)-N-((R)-l-(4- fenil-lH- imidazol-2-il)etil)propanamido)metil)-2-metoxibenzoato de metilo foi suspenso numa mistura de THF (200 ml) e água (749 ml) e, a uma mistura arrefecida a 10-15 °C, adicionou-se NaOH 6M (51 ml), gota a gota, à mesma temperatura. A mistura foi aquecida à temperatura ambiente, agitada durante 4 horas e adicionou-se água (600 ml). O pH da mistura foi ajustado para 9,5 com HCI e o THF foi destilado. O pH da mistura foi ajustado para 6,9 e a mistura foi agitada à temperatura ambiente durante a noite e 2,5 horas a 0-5 °C. A mistura foi aspirada e o bolo foi lavado com água (2x 160 ml) e seco a 45 °C durante 18h, obtendo-se 28,4 g de eluxadolina amorfa; HPLC: 99,22 A%.

Exemplo-47: Preparação da forma estável alfa da eluxadolina

O ácido 5-(((S)-2-amino-3-(4-carbamoil-2,6-dimetilfenil)-N-((S)-l-(4- fenil-1H-imidazol-2-il)etil)propanamido)metil)-2-metoxibenzóico amorfo (3g) foi dissolvido em metanol (15 ml). A solução foi aquecida a 50 °C e agitada durante 4 h. A suspensão resultante foi arrefecida a uma temperatura de 0 a 5 °C, diluída com metanol (2 ml) e agitada durante 30 min. O sólido foi filtrado e lavado com metanol. O sólido branco foi seco durante 16 h a 60 °C e 10 mbar para obter 2,31 g de ácido 5-(((S)-2- amino-3-(4-carbamoil-2,6-dimetilfenil)-N-((S)-l-(4-fenil-lW-imidazol-2-il)etil)propanamido)metil)-2-metoxibenzóico, forma alfa, caracterizado por DRX.

Exemplo-48: Preparação da forma III da Eluxadolina

O ácido 5-(((S)-2-amino-3-(4-carbamoil-2,6-dimetilfenil)-N-((S)-l-(4- fenil-lH-imidazol-2-il)etil)propanamido)metil)-2-metoxibenzóico amorfo (3 g) foi suspenso em etanol absoluto (15 ml). A suspensão obtida foi aquecida a 50 °C, agitada durante 16 h e depois arrefecida a uma temperatura de cerca de 0 °C a 5 °C e agitada durante 30 minutos. O sólido obtido foi filtrado e lavado com etanol absoluto, obtendo-se um pó cristalino sólido branco (3,4 g). O produto foi analisado por XRD.

Exemplo-49: Preparação da forma IV da eluxadolina

A eluxadolina amorfa (lg) foi suspensa em THF (3 ml) e aquecida até à temperatura de refluxo, sendo depois adicionada uma quantidade adicional de THF (2 ml). A mistura foi agitada durante a noite à temperatura de refluxo, o solvente evaporou-se e adicionou-se uma nova quantidade de THF, obtendo-se uma suspensão. Foi adicionada uma quantidade adicional de THF (3 ml) e a suspensão obtida foi filtrada e seca a 50 °C durante 22 horas; o produto seco foi analisado por XRD.

Exemplo-50: Preparação da forma alfa da eluxadolina

O ácido 5-(((S)-2-amino-3-(4-carbamoil-2,6-dimetilfenil)-N-((S)-l-(4- fenil-lH-imidazol-2-il)etil)propanamido)metil)-2-metoxibenzóico amorfo (3 g) foi dissolvido em metanol (15 ml). A solução obtida foi filtrada e aquecida a 50°C - 55°C e agitada durante 4 horas. A suspensão resultante foi arrefecida a uma temperatura de cerca de 0 °C a cerca de 5 °C e agitada durante 2 horas. O sólido obtido foi filtrado e lavado com metanol. O pó cristalino sólido branco obtido foi seco durante 16 horas a 60 °C e 10 mbar para obter 2,8 g de ácido 5-(((S)-2- amino-3~(4-carbamoil-2,6-dimetilfenil)-N-((S)-l-(4-fenil-lH-imidazol-2-il) etil)propanamido)metil)-2-metoxibenzóico. O produto foi analisado por PXRD, tendo-se obtido a forma alfa.

Exemplo-51: Preparação da forma alfa da eluxadolina

O ácido 5-(((S)-2-amino-3-(4-carbamoil-2,6-dimetilfenil)-N-((S)-l-(4- fenil-lH-imidazol-2-il)etil)propanamido)metil)-2-metoxibenzóico amorfo (3 g) foi dissolvido em metanol (15 ml). A solução obtida foi filtrada e agitada durante 5 horas à temperatura ambiente. A suspensão resultante foi arrefecida a uma temperatura de cerca de 0 °C a cerca de 5 °C e agitada durante 2 horas. O sólido obtido foi filtrado e lavado com metanol. O pó cristalino sólido branco resultante foi seco durante 16 horas a 60 °C e 10 mbar para obter 2,7 g de ácido 5-(((S)-2-amino-3-(4-carbamoil- 2,6-dimetilfenil)-N-((S)-l-(4-fenil-lH-imidazol-2-il)etil)propanamido) metil)-2-metoxibenzóico. O produto foi analisado por PXRD, tendo sido obtida a forma alfa.

Exemplo-52: Preparação da forma alfa da eluxadolina

O ácido 5-(((S)-2-amino-3-(4-carbamoil-2,6-dimetilfenil)-N-((S)-l-(4- fenil-lH-imidazol-2-il)etil)propanamido)metil)-2-metoxibenzóico amorfo (20 g) foi dissolvido em metanol (150 ml). A solução obtida foi filtrada e adicionou-se mais metanol (50 ml). A solução foi aquecida a 50°C - 55°C e agitada durante 4 horas. A suspensão resultante foi arrefecida a uma temperatura de cerca de 0 °C a cerca de 5 °C e agitada durante 2 horas. O sólido obtido foi filtrado e lavado com metanol. O pó cristalino branco resultante foi seco durante 16 h a 60 °C e 10 mbar para obter 16,7 g de ácido 5-(((S)-2-amino-3-(4-carbamoil-2,6-dimetilfenil)-N-((S)-l-(4-fenil-lH-imidazol-2-il)etil)propanamido)metil)-2-metoxi-benzoico. O produto foi analisado por PXRD, tendo sido obtida a forma alfa.

Exemplo-53: Preparação da forma alfa da eluxadolina

O ácido 5-(((S)-2-amino-3-(4-carbamoil-2,6-dimetilfenil)-N-((S)-l-(4- fenil-lH-imidazol-2-il)etil)propanamido)metil)-2-metoxibenzóico amorfo (50 g) foi dissolvido em metanol (375 ml). A solução obtida foi filtrada e adicionou-se mais metanol (125 ml). A solução foi aquecida a 50°C - 55°C e agitada durante 4 horas. A suspensão resultante foi arrefecida a uma temperatura de cerca de 0 °C a cerca de 5 °C e agitada durante 2 horas. O sólido obtido foi filtrado e lavado com metanol. O pó cristalino branco resultante foi seco durante 16 horas a 60 °C e 10 mbar para obter o ácido 5-((((S)-2-amino-3-(4-carbamoil-2,6-dimetilfenil)-N- ((S)-l-(4-fenil-lH-imidazol-2-il)etil)propanamido)metil)-2-metoxibenzóico. O produto foi analisado por PXRD, tendo sido obtida a forma alfa.

Exemplo-54: Preparação da forma alfa da eluxadolina

Amorfo5- (((S)-2-amino-3-(4-carbamoil-2,6-dimetilfenil)√V-((S)-l-(4-fenil-1H-imidazol-2-il)etil)propanamido)metil)-2-metoxibenzóico (55 g) foi dissolvido em metanol (400 mL). A solução foi filtrada e foi adicionado metanol adicional (150 mL). A solução foi aquecida a 50°C e agitada durante 4 h. A suspensão resultante foi arrefecida a 0 - 5 °C e agitada durante 2 h. O sólido foi filtrado e lavado com metanol. O pó cristalino sólido branco foi seco durante 16 h a 60 °C e 10 mbar para obter 44,09 g de ácido 5-(((S)-2-amino-3-(4-carbamoil-2,6-dimetilfenil)-N- ((S)-l-(4-fenil-1H-imidazol-2-il)etil)propanamido)metil)-2-metoxibenzóico, forma alfa caracterizada por XRD; HPLC: 99,82 A%.

Exemplo-55: Preparação de eluxadolina amorfa pura e estável

Cloridrato de 5-((((S)-2-amino-3-(4-carbamoil-2,6-dimetilfenil)-N-((S)-l-(4- fenil-lH-imidazol-2-il)etil)propanamido)metil)-2-metoxibenzoato de metilo (10,0 kg, 15,23 mol), água (187 L) e tetrahidrofurano (50 L) foram adicionados a um reator de 250 L. O pH da mistura foi ajustado para 13 com solução de hidróxido de sódio (6M) e foi adicionada uma quantidade adicional de solução de hidróxido de sódio (6,35 L, 38,1mol). A mistura reacional foi agitada durante 6 horas a 20-25 °C, após o que o pH da mistura reacional foi ajustado para 9-10 e o THF foi destilado por evaporação sob vácuo. A solução aquosa de eluxadolina obtida foi lavada duas vezes com acetato de etilo (133 L) e o resíduo de acetato de etilo foi removido da camada aquosa por evaporação sob vácuo. O pH da solução foi ajustado para 6-7 com solução clorídrica (2M) e a suspensão obtida foi aquecida até 40 °C, agitada durante 2 horas e arrefecida até 0-5 °C. A suspensão foi agitada durante 2 horas a 0-5°C. Os cristais obtidos foram centrifugados, lavados com água (2x20L) e secos sob vácuo. Obteve-se 7,6 kg (82% de rendimento, 93,77% de doseamento) de ácido 5-(((S)-3-amino-4-(4-carbamoil-2,6-dimetilfenil)-N-((S)- l-(4- fenil-lH-imidazol-2-il)etil)butanamido)metil-2-metoxibenzóico, com uma pureza HPLC de 99,94% de área.

Exemplo-56: Preparação de eluxadolina amorfa pura e estável

Cloridrato de 5-((((S)-2-amino-3-(4-carbamoil-2,6-dimetilfenil)-N-((S)-l-(4-fenil- lH-imidazol-2-il)etil)propanamido)metil)-2-metoxibenzoato de metilo (7,25 kg, 11,04 kmol) , água (13,9 L) e tetrahidrofurano (36 L) foram adicionados a um reator de 250 L. O pH da mistura foi ajustado para 13 com solução de hidróxido de sódio (6M) e foi adicionada uma quantidade adicional de solução de hidróxido de sódio (4,6 L, 38,1mol).

A mistura reacional foi agitada durante 6 horas a 20-25 °C, após o que o pH da mistura reacional foi ajustado para 9-10 e o THF foi destilado por evaporação sob vácuo. A solução aquosa de eluxadolina obtida foi lavada duas vezes com acetato de etilo (2x97 L) e o resíduo de acetato de etilo foi removido da camada aquosa por evaporação sob vácuo. O pH da solução foi ajustado para 6-7 com solução clorídrica (2M) e a suspensão obtida foi aquecida até 40 °C, agitada durante 2 horas e arrefecida até 0-5 °C. A suspensão foi agitada durante 2 horas a 0-5°C. Os cristais obtidos foram centrifugados, lavados com água (2x20L) no secador de leito fluidizado a 45 °C até LOD 8 %. O material foi adicionalmente seco no secador de tabuleiro a vácuo até LOD 2,23%. Obteve-se 5,06 kg (75,7% de rendimento, 94,10% de doseamento) de ácido 5-(((S)-3-amino-4-(4-carbamoil-2,6-dimetilfenil)-N-((S)-l-(4-fenil-lH-imidazol-2-il)etil)butanamido)metil-2- metoxibenzóico, com uma pureza HPLC de 99,64%.

Exemplo-57: Preparação da forma alfa da eluxadolina

Carregou-se metanol (18 L) no reator de 50 L e arrefeceu-se a 0-5°C, seguindo-se a adição, por partes, de ácido 5-((((S)-3-amino-4-(4-carbamoil~2,6-dimetilfenil)-N- ((S)-l-(4-fenil-lH-imidazol-2-il)etil)butanamido)metil-2-metoxibenzóico precipitado da água a pH 6,5 (2,29 kg, ensaio 92,49 %, 3,72 mol). A suspensão foi agitada até se dissolver e filtrada através do filtro a 0~5°C e lavada com metanol (2,1L) arrefecido a 0-5 °C. A mistura é aquecida a 60 °C e agitada durante 4 horas. A suspensão foi arrefecida a 0-5°C e agitada durante um período adicional de 140 minutos. Os cristais foram filtrados no secador de filtros, lavados com metanol (2x2,3L) e secos sob vácuo à temperatura máxima de 60°C até LOD < 1% com agitação aplicada após LOD < um (1)% durante cinco (5) horas. Os cristais brancos foram identificados como ácido 5-(((S)-3-amino-4-(4-carbamoil-2,6-dimetilfenil)-N-((S)-l-(4-fenil-lH-imidazol- 2-yl)etil)butanamido)metil-2-metoxibenzóico, forma alfa. O produto foi isolado com um rendimento de 84,4% (1,79 kg) e uma pureza de 99,87% por HPLC.

Breve descrição dos desenhos

Figura-11	:	Mostra um difractograma de raios X em pó ("PXRD" ou "XRPD") da forma amorfa da Eluxadolina.
Figura-12	:	Mostra um difractograma de raios X em pó da forma I da eluxadolina.
Figura-13	:	Mostra os difractogramas de raios X em pó das formas alfa e beta da eluxadolina (como descrito em US8691860).
Figura-14	:	Mostra um difractograma de raios X em pó da forma II da eluxadolina.
Figura-15	:	Apresenta um difractograma de raios X em pó da forma estável alfa (obtida a partir de metanol).
Figura-16	:	Mostra uma imagem SEM da forma estável alfa (obtida a partir de metanol).
Figura-17	:	Mostra um difractograma de raios X em pó da forma III da eluxadolina.
Figura-18	:	Mostra um difractograma de raios X em pó da forma IV da eluxadolina.
Figura-19	:	Mostra uma imagem SEM da Eluxadolina amorfa estável.

Figura-20	:	Imagem SEM da Eluxadolina amorfa estável preparada de acordo com o Exemplo 55.
Figura-21	:	Imagem SEM da Eluxadolina amorfa estável preparada de acordo com o Exemplo 56.
Figura-22	:	Isotérmica DVS da eluxadolina amorfa estável preparada de acordo com o Exemplo 57.
Figura-23	:	Difractograma de raios X em pó da forma estável alfa do Exemplo 54.
Figura-24 (A&B)	:	Imagens SEM da forma estável de Eluxadolina alfa do Exemplo 54 com uma ampliação de 2000x e 5000x, respetivamente.
Figura-25	:	Isotérmica DVS da forma estável de eluxadolina alfa preparada de acordo com o Exemplo 54.
Figura-26	:	Difractograma de raios X em pó da forma estável alfa do Exemplo 57.
Figura-27	:	Imagem SEM da forma estável da eluxadolina alfa preparada de acordo com o Exemplo 57.
Figura-28	:	13 Z-I1 .... Tk Tlk TTЛ i-T-Il11·T-I 11П T-I1z- *A* RMN no estado sólido para a forma alfa da eluxadolina do exemplo 54.
Figura-29	:	Termograma DSC da forma alfa da eluxadolina do Exemplo 54.
Figura-30	:	Termograma TGA da forma alfa da eluxadolina do exemplo 54.
Figura-31	:	Termograma DSC da forma alfa da eluxadolina do Exemplo 57.
Figura-32	:	Termograma TGA da forma alfa da eluxadolina do Exemplo 57.

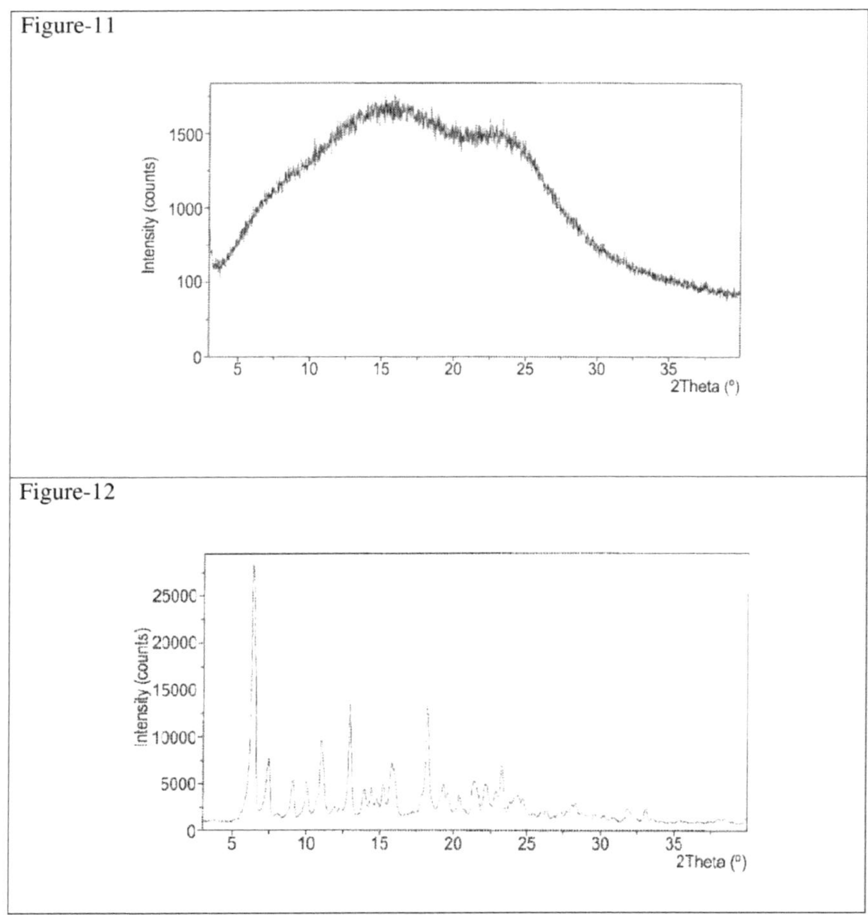
Figure-11
1500
1000
100
0
Intensity (counts)
5
10
15
20
25
30
35
2Theta (°)
Figure-12
25000
20000
15000
10000
5000
0
Intensity (counts)
5
10
15
20
25
30
35
2Theta (°)

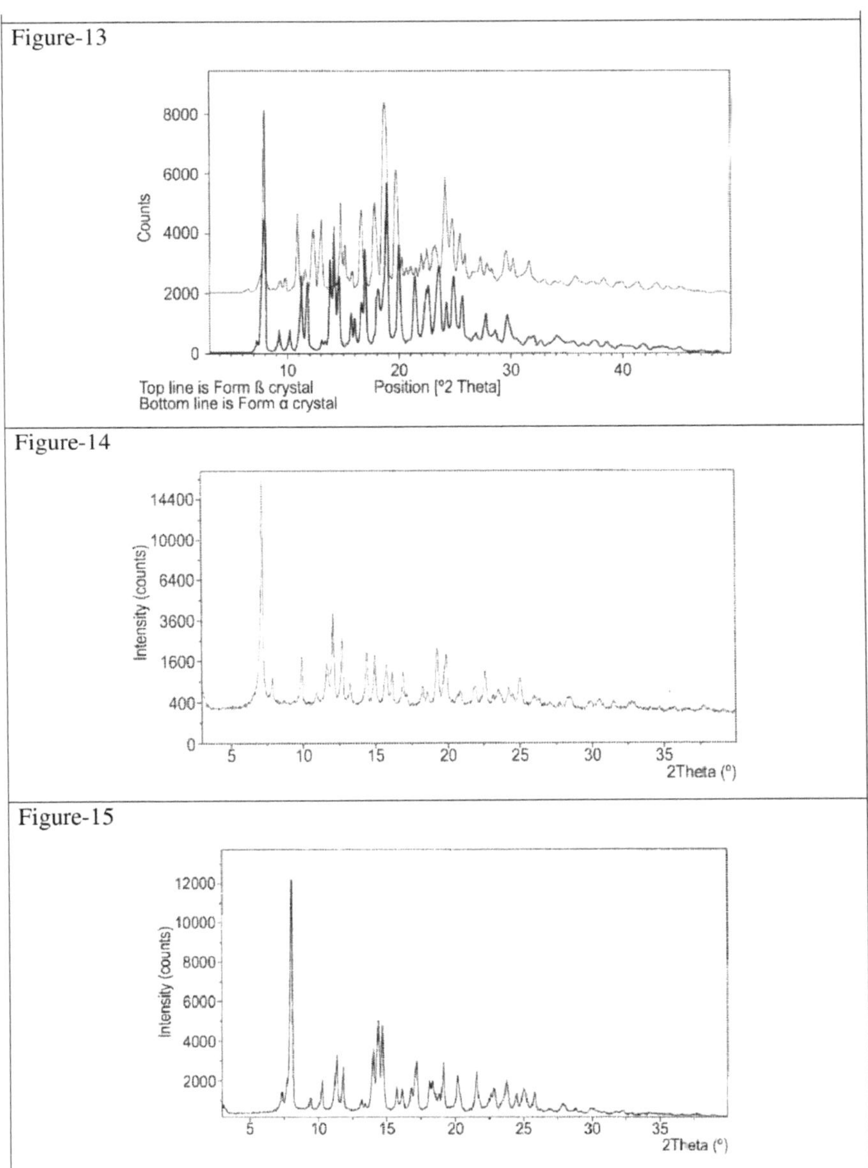

Figure-13
8000
6000
Counts
4000
2000
0
10
20
30
40
Position [°2 Theta]
Top line is Form ß crystal
Bottom line is Form α crystal
Figure-14
14400
10000
6400
3600
1600
400
0
Intensity (counts)
5
10
15
20
25
30
35
2Theta (°)
Figure-15
12000
10000
8000
6000
4000
2000
Intensity (counts)
5
10
15
20
25
30
35
2Theta (°)

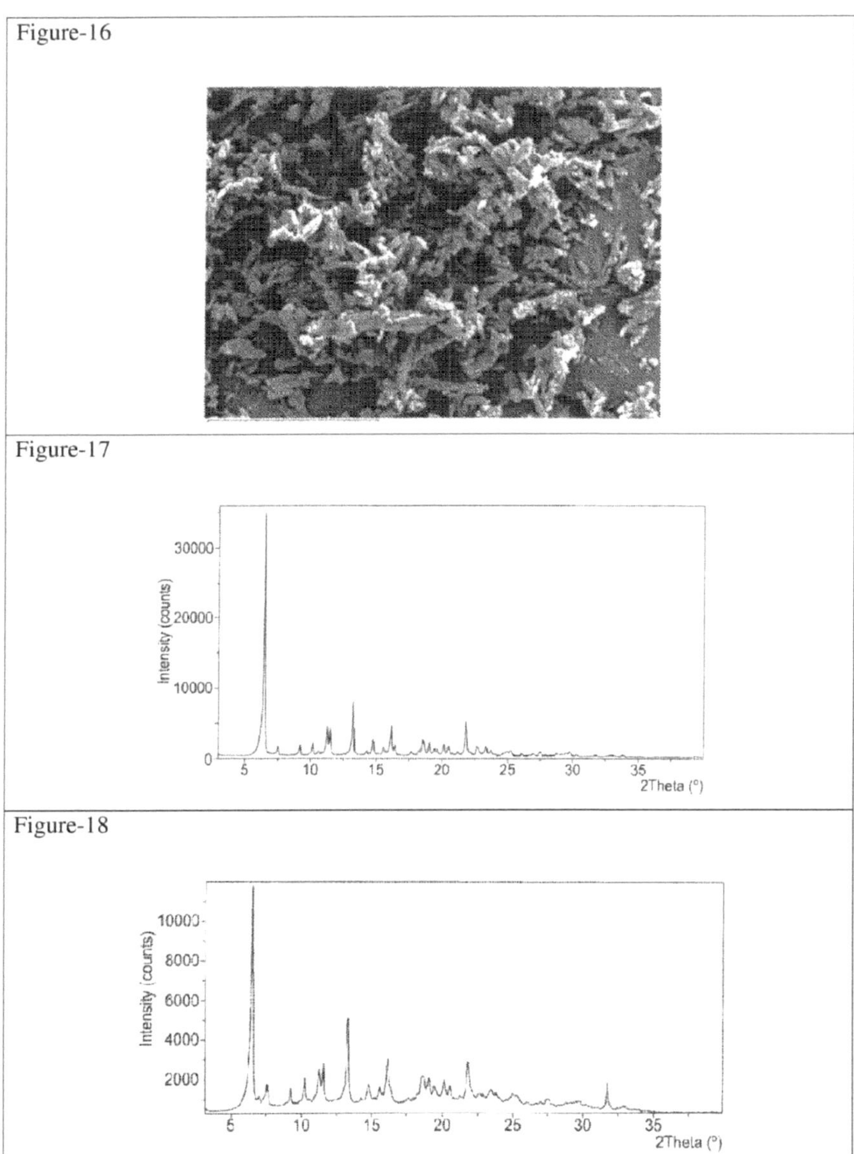
Figure-16
Figure-17
30000
20000
10000
0
Intensity (counts)
5
10
15
20
25
30
35
2Theta (°)
Figure-18
10000
8000
6000
4000
2000
Intensity (counts)
5
10
15
20
25
30
35
2Theta (°)

Figure-19

Figure-20

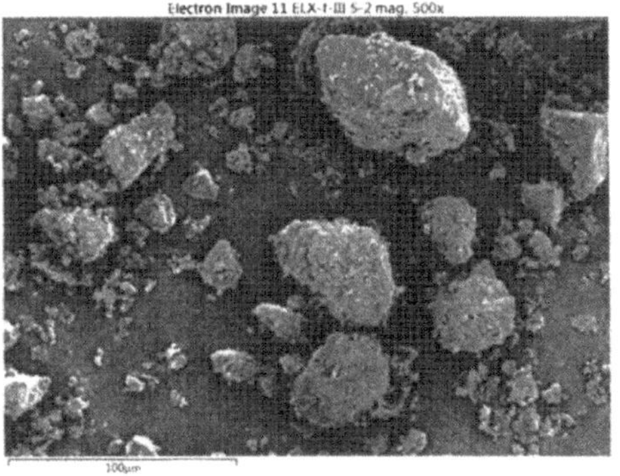

Figure-21

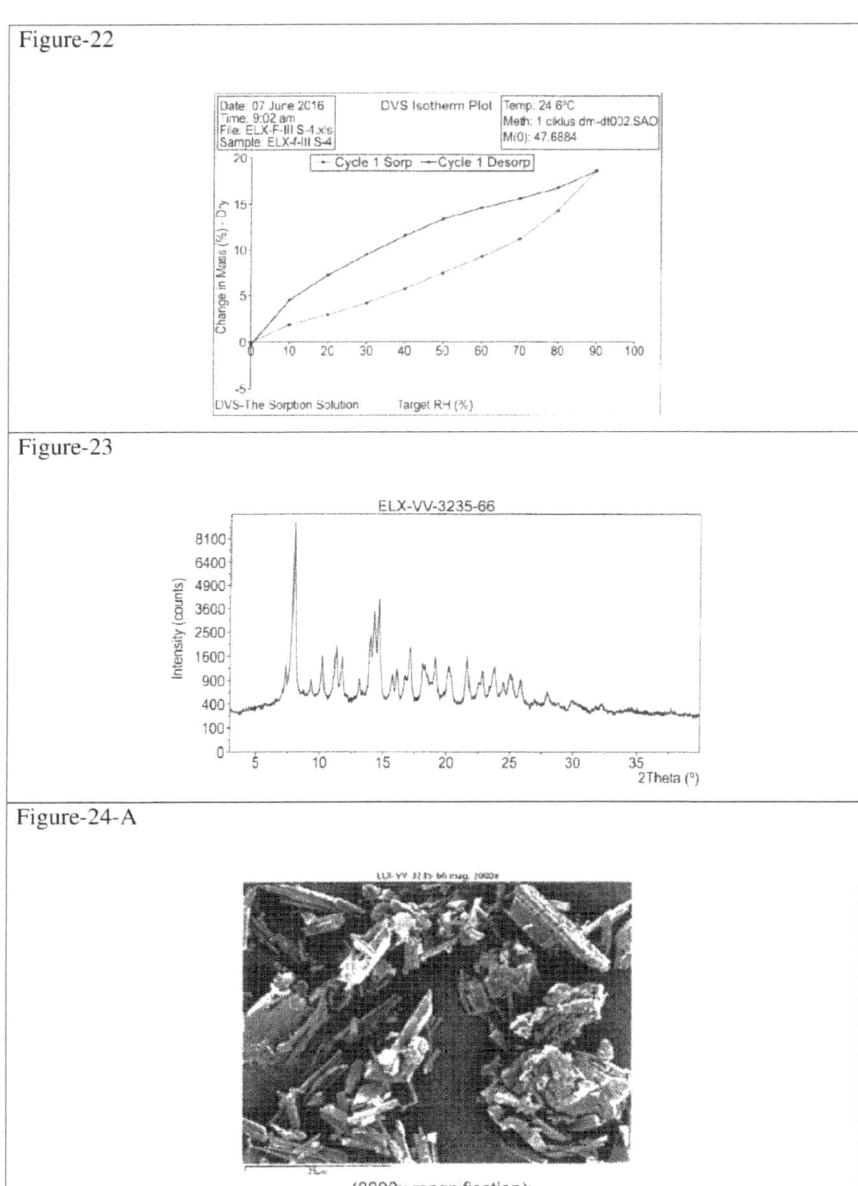
Figure-22
Date: 07 June 2016
Time: 9:02 am
File: ELX-F-III S-4.xls
Sample: ELX-f-III S-4
DVS Isotherm Plot
Temp: 24.6°C
Meth: 1 ciklus dm-dt002.SAO
M(0): 47.6884
Cycle 1 Sorp
Cycle 1 Desorp
Change in Mass (%) - Dry
20
15
10
5
0
-5
0 10 20 30 40 50 60 70 80 90 100
DVS-The Sorption Solution
Target RH (%)
Figure-23
ELX-VV-3235-66
Intensity (counts)
8100
6400
4900
3600
2500
1600
900
400
100
0
5 10 15 20 25 30 35
2Theta (°)
Figure-24-A
(2000x magnification)

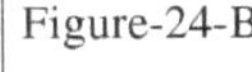

Figure-24-B

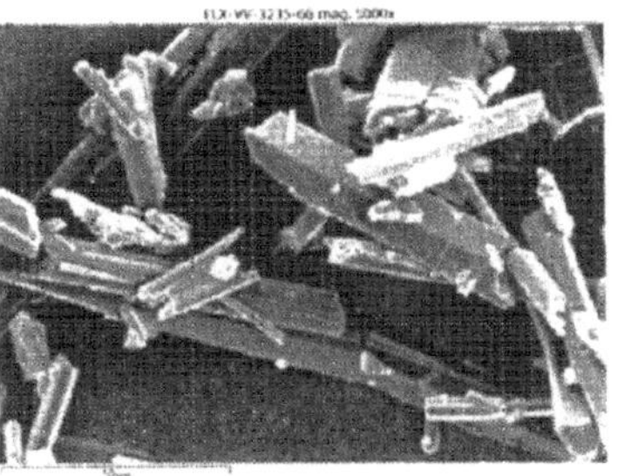

(5000x magnification):

Figure-25

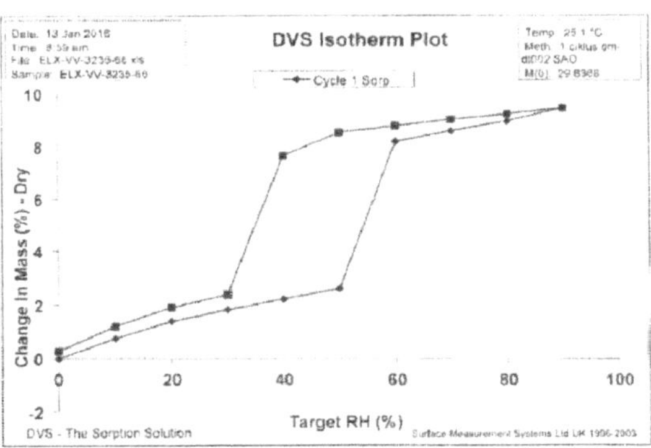

Figure-26

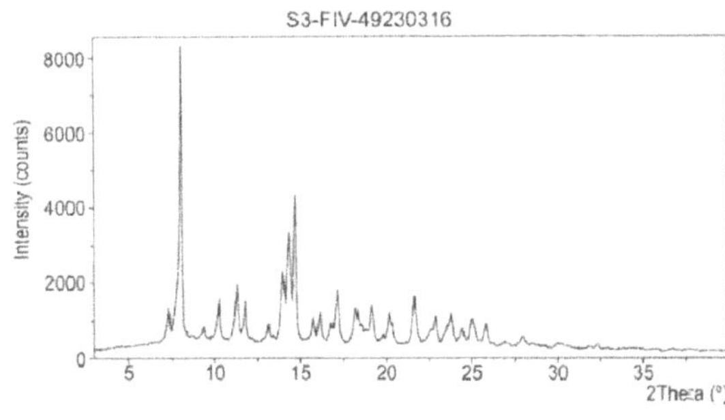

Figure-27

Figure-28

Figure-29

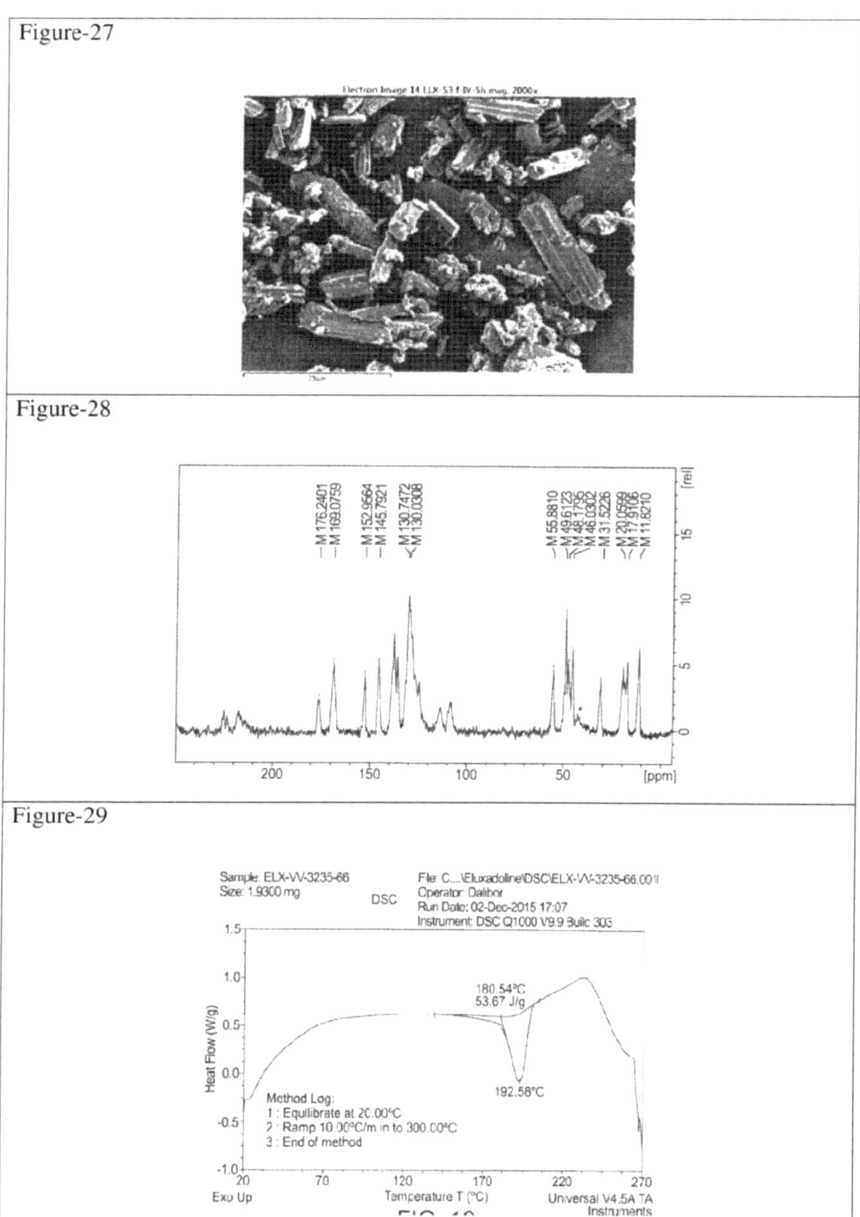

Figure-30

Figure-31

Figure-32

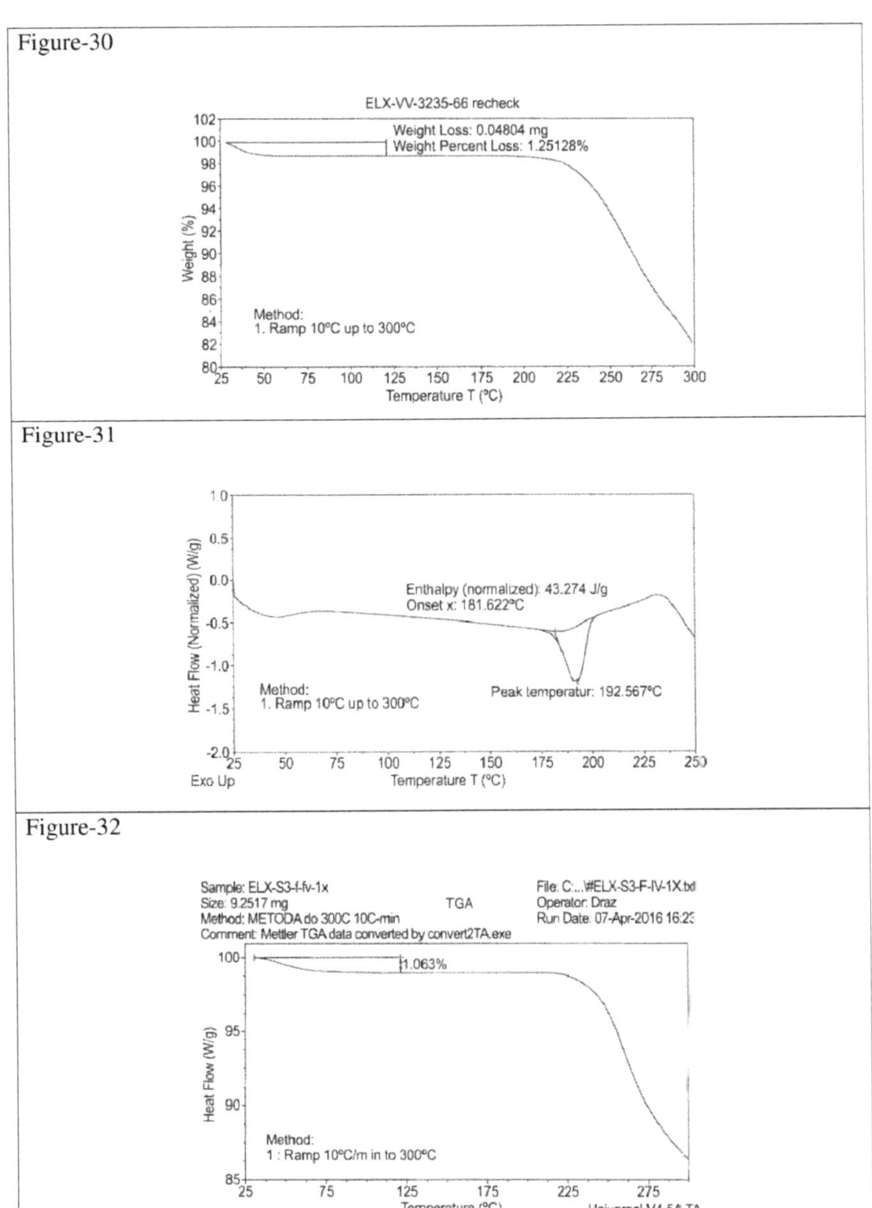

6_CN106636241 (a seguir designado por CN'241)[ ][15]			
Título		Método de preparação do corpo intermédio da eluxadolina através de um método enzimático	
Requerente		Syncozymes (Shanghai) Co Ltd (CN)	
Data de apresentação		28-Dez-2016	
Dados prioritários		N.º de prioridade	Data de prioridade
		CN201611236625	20161228
Estatuto jurídico		Entrada em vigor do pedido de exame de fundo; Data de atualização: 6 de junho de 2017.	
Equivalentes		- - -	
Observações		- - - -	

O pedido de patente CN106636241 foi atribuído à Yncozymes (SHANGHAI) Co Ltd (CN) e a sua situação atual é a de publicação internacional.

A invenção está relacionada com um processo para a preparação do intermediário de Eluxadoline, que compreende,

a) Reação do composto II-A com pó de zinco num solvente orgânico composto III-A; o solvente orgânico é dimetilacetamida ou dimetilformamida, de preferência dimetilformamida.

b) O composto III-A com o composto IV para dar o composto VA sob a catálise de um catalisador de paládio e um ligando de fosfina; o catalisador de paládio é Pd2(dba) 3, o ligando de fosfina é tris(o-tolil) fosfina.

c) Preparação do Composto IA reduzindo o composto ciano sob VA através da hidrólise do éster em condições básicas e a nitrilo hidratase a atuar, a condição alcalina é Li0H, Na0H ou K0H, a nitrilo hidratase selecionada ainda Branch biomedical (Shanghai) Co., Ltd. possuía bibliotecas de enzimas nitrilo hidratase, que NHT101~ NHT124.

Em comparação com os métodos sintéticos químicos convencionais, a presente invenção fornece um processo para a preparação de intermediários Eluxadoline de esquema técnico verde florestal-38 que condições de reação suaves, rendimentos elevados, é ambientalmente amigável, tem bom valor de aplicações industriais.

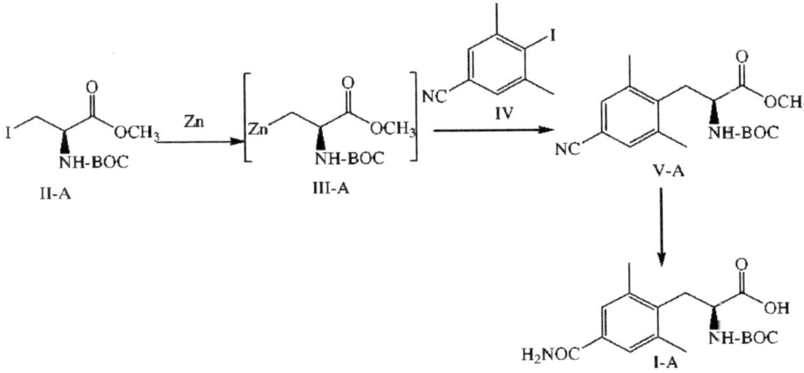

Exemplo-58: Preparação do éster metílico da (S) -2,6- dimetil-4-ciano -N-Boc-fenilalanina (composto V):

Adicionou-se zinco em pó (2,17 g), DMF (5,4 ml) e 1,2-dibromoetano (0,36 g) ao balão de reação e aqueceu-se a 100 ° C, incubando-se durante 5 minutos. Arrefecido à temperatura ambiente, cloreto de trimetilsililo (0,13 g de), o éster metílico de (R) -3-iodo -N-Boc-alanina (composto 11,7,1 g) em 01 ^ (5,4 ml) em 20 ° (o sistema de reação foi adicionado gota a gota, agitado durante 1 hora .25 ° (: incubado durante a noite para dar um reagente de zinco, foi usado diretamente na reação seguinte.

2,6-dimetil-4-ciano-iodobenzeno (2,8 g), tris (o-tolil) fosfina (0,02 g), Pd2 (dba) 3 (0,03 g) e DMF (6 mL) adicionados ao balão de reação e aquecidos a 90 ° C, foi adicionado gota a gota reagente de zinco preparado acima da adição gota a gota foi completada 0,5 horas. TLC mostrou material de partida a reação estava completa, arrefecida a 15 ~ 20 ° C. Solução saturada de cloreto de amónio (20 mL) e acetato de etilo (20 ml), agitada, as camadas foram separadas, a fase orgânica foi lavada com solução saturada de cloreto de amónio (20 ml), água (20 mL), seca sobre sulfato de sódio anidro, filtrada e concentrada para dar (S)-2,6-dimetil-4-ciano-N-Boc-fenilalanina éster metílico (composto V, 3,29 g, rendimento 90%).

Preparação do éster metílico de (S)-2,6-dimetil-4-carbamoil-carbonil-N-Boc-fenilalanina (composto I)

O tampão fosfato (10 mL, pH = 7,0) foi adicionado em 30mL 10mm ao vaso de reação, o pH é ajustado para 7,0 com ácido fosfórico, foi adicionado o composto V acima preparado obtido (1,5 g), foi adicionado um volume de enzima nitrilo hidratase Stir pó NHT101 (0,15 g) a 15mL, agitação magnética a 30 ° C a reação aberta, durante a reação NaOH (3M) para controlar o pH da reação em cerca de 7,0, processo de reação de deteção TLC. Após a reação ter sido de 70 ° C durante 2h, a mistura de reação de desnaturação de proteínas, a proteína é removida por filtração, foi adicionado NaOH (3M) ajustando o pH = 9, extraído três vezes o volume de acetato de etilo e semelhantes, as fases orgânicas foram combinadas, secas sobre sulfato de sódio anidro e evaporadas sob pressão reduzida para obter éster metílico de (S)-2,6-dimetil-4-carbamoil-carbonil-N-Boc-fenilalanina (composto I, 1.55g, rendimento 98%), HPLC detectou o valor do produto do tipo S ee 99,1%.

Exemplo-59: Preparação de cem gramas de éster metílico de (S)-2,6- dimetil-4-ciano -N-Boc-fenilalanina (composto V)

Adicionou-se zinco em pó (216,6 g), DMF (540 ml) e 1,2-dibromoetano (36 g) ao balão de reação e aqueceu-se a 100 ° C, incubando-se durante 5 minutos. Arrefecido à temperatura ambiente, adicionou-se cloreto de trimetilsililo (13 g), éster metílico de (R) -3- iodo -N-Boc-alanina (Composto II, 710 g) em DMF (540 ml) a 20, gota a gota, a uma temperatura de 1,5 horas. A reação foi incubada durante a noite a 25°C para dar um reagente de zinco, que foi utilizado diretamente na reação seguinte.

2,6-dimetil-4-ciano-iodobenzeno (280 g), tris (o-tolil) fosfina (2 g), Pd2 (dba) 3 (3 g) e DMF (600 ml) adicionados ao balão de reação e aquecidos a 90°C, o reagente de zinco preparado acima foi adicionado gota a gota durante 1,5 horas. A TLC mostrou que a reação estava completa, arrefecida a 15 ~ 20°C. Adicionou-se gel de sílica (100 g) à mistura reacional, agitou-se durante 1 hora e filtrou-se. Adicionou-se ao filtrado uma solução saturada de cloreto de amónio (4500 ml), agitou-se durante 1 hora, filtrou-se e secou-se o bolo filtrante para obter o éster metílico da (S)-2,6- dimetil-4-ciano -N-Boc-fenilalanina (composto V, 333 g, rendimento 92%).

Preparação do éster metílico de (S)-2,6-metil-4-carbamoil-carbonil-N-Boc-fenilalanina (composto I), cem gramas em duas fases

O reator de vidro (5L) foi adicionado a um tampão de fosfato 10mM encamisado (2L, pH = 7,0), ajustado a pH 7,0 com ácido fosfórico, foi adicionado o composto V acima preparado obtido (150 g), pó de enzima nitrilo hidratase agitado foi adicionado NHT101 (10 g) estava em um volume uniforme para 3L, 30 ° C magneticamente agitado reator aberto, durante a reação NaOH (3M) para controlar o pH da reação em cerca de 7 - 0, processo de reação de deteção TLC. Após a reação ter sido de 70 ° C durante 2h, a mistura de reação de desnaturação de proteínas, a proteína é removida por filtração, foi adicionado NaOH (3M) ajustando o pH = 9, extraído três vezes o volume de acetato de etilo e semelhantes, as fases orgânicas foram combinadas, secas sobre sulfato de sódio anidro, e evaporadas sob pressão reduzida obtida (S)-2,6- dimetil-4-carbamoil-carbonil -N-Boc- fenilalanina éster metílico (composto I, 151.8 g, rendimento de 96%), o valor detectado por HPLC do produto do tipo S foi de 99,3% ee .

Exemplo 60: Preparação do éster etílico da (S)-2,6-dimetil-4-ciano-N-Boc-fenilalanina (composto V)

Adicionou-se zinco em pó (1,08 g), DMF (2,7 ml) e 1,2-dibromoetano (0,18 g) ao balão de reação e aqueceu-se a 90 ° C, incubando-se durante 5 minutos. Arrefecido à temperatura ambiente, cloreto de trimetilsililo (0,07 g), éster etílico de (R)-3-iodo-N-Boc-alanina (composto 11, 3,3 g) em DMF (2,7 ml) a 20 foi adicionado gota a gota a ° C, a reação foi agitada durante 0,5 hora. A reação foi incubada durante a noite a 20 ° C para dar um reagente de zinco, que foi utilizado diretamente na reação seguinte.

O 2,6_-dimetil-4-ciano-iodobenzeno (1,4 g), tris (o-tolil) fosfina (0,01 g), Pd2 (dba) 3 (0,15 g) e DMF (3 mL) adicionados ao balão de reação e aquecidos a 90 ° C, foi adicionado gota a gota reagente de zinco preparado acima da adição gota a gota foi completada 0,5 horas. TLC mostrou material de partida a reação estava completa, arrefecida a 15 ~ 20 ° C. Solução saturada de cloreto de amónio (10 mL) e acetato de etilo (10 mL), agitada, as camadas foram separadas, a fase orgânica foi lavada com solução saturada de cloreto de amónio (10 ml), água (10 mL), seca sobre sulfato de sódio anidro, filtrada e concentrada para dar (S) -2,6- dimetil-4-ciano -N-Boc-fenilalanina éster etílico (composto V, 1,66 g, rendimento 88%).

Preparação de (S) -2,6- dimetil-4-carbamoil-carbonil-fenilalanina-N-Boc-éster etílico (Composto I)

10mM adicionado no recipiente de reação 50mL de tampão fosfato (20mL, pH = 7,0), ajustado a pH 8,0 com ácido fosfórico, foi adicionado o composto V acima preparado obtido (1,5 g), agitar a enzima nitrilo hidratase foi adicionado pó NHT110 (0,12 g) ao volume 30mL, 35 ° C magneticamente agitado reator aberto, durante a reação NaOH (3M) para controlar o pH da reação em cerca de 8,0, processo de reação de deteção TLC. Após a reação ter sido de 70 ° C durante 2h, a mistura reacional de desnaturação de proteínas, a proteína é removida por filtração, foi adicionado NaOH (3M) ajustando o pH = 9, extraído três vezes o volume de acetato de etilo e semelhantes, as fases orgânicas foram combinadas, secas sobre sulfato de sódio anidro e evaporadas sob pressão reduzida para obter (S) -2,6-dimetil-4-carbamoil-carbonil -N-Boc-fenilalanina éster etílico (composto I, 1.53 g, rendimento 97%), HPLC detectou o valor do produto do tipo S ee 99,0%.

Exemplo-61: Preparação do éster metílico da (S) -2,6- dimetil-4-ciano -N-Cbz-fenilalanina (composto V)

Adicionou-se zinco em pó (2,17 g), DMF (5,4 ml) e 1,2-dibromoetano (0,36 g) ao balão de reação e aqueceu-se a IOO ° C, incubando-se durante 5 minutos. Arrefecido até à temperatura ambiente, adicionou-se cloreto de trimetilsililo (0,13 g), éster metílico de (R)-3-iodo-N-Cbz-fenilalanina (Composto II, 7,9 g) em DMF (5,4 ml) a 20, gota a gota, a uma temperatura de 1 °C. A reação foi agitada durante 1 hora. A reação foi incubada durante a noite a 25 °C para dar um reagente de zinco, que foi utilizado diretamente na reação seguinte.

O 2,6_-dimetil-4-ciano-iodobenzeno (2,8 g), tris (o-tolil) fosfina (0,02 g), Pd2 (dba) 3 (0,03 g) e DMF (6 mL) adicionados ao balão de reação e aquecidos a 90 ° C, foi adicionado gota a gota reagente de zinco preparado acima da adição gota a gota foi completada 0,5 horas. TLC mostrou material de partida a reação estava completa, arrefecida a 15 ~ 20°C. Solução saturada de cloreto de amónio (20 ml) e acetato de etilo (20 ml), agitada, as camadas foram separadas, a fase orgânica foi lavada com solução saturada de cloreto de amónio (20 ml), água (20 ml), seca sobre sulfato de sódio anidro, filtrada e concentrada para dar éster metílico de (S)-2,6- dimetil-4-ciano -N-Cbz-fenilalanina (composto V, 3,66 g, rendimento 91%).

Preparação do éster metílico de (S)-2,6- dimetil-4-carbamoil-carbonil -N-Cbz-fenilalanina (composto I)

A reação de tampão de fosfato (20mL, pH = 7,0) foi adicionada ao recipiente em 100mL, ajustada a pH 6,5 com ácido fosfórico, foi adicionado o composto V acima preparado obtido (1,5 g), foi adicionado uma enzima nitrilo hidratase Agitar pó NHT121 (0,12 g) para o volume 30mL, 30 ° C magneticamente agitado reator aberto, durante a reação NaOH (3M) para controlar o pH da reação em cerca de 7,0, processo de reação de deteção TLC. Após a reação ter sido de 75 ° C durante 2h, a mistura reacional de desnaturação de proteínas, a proteína é removida por filtração, foi adicionado NaOH (3M) ajustando o pH = 9, extraído três vezes o volume de acetato de etilo e semelhantes, as fases orgânicas foram combinadas, secas sobre sulfato de sódio anidro e evaporadas sob pressão reduzida para obter (S) -2,6-dimetil-4-carbamoil-carbonil -N-Cbz- éster metílico de fenilalanina (composto I, 1.54 g, rendimento 98%), HPLC detectou o valor do produto do tipo S ee 99,0%.

Exemplo-62: Preparação de (S)-2,6-dimetil-4-carbamoil-carbonil-N-Boc-fenilalanina (Composto I-A)

Adicionou-se zinco em pó (2,17 g), DMF (5,4 ml) e 1,2-dibromoetano (0,36 g) ao balão de reação e aqueceu-se a 100° C, incubando-se durante 5 minutos. Arrefecido à temperatura ambiente, adicionou-se cloreto de trimetilsililo (0,13 g), o éster metílico da (R)-3-iodo-N-Boc-alanina (7,1 g) em DMF (5,4 ml) a 20°C. O sistema reacional foi adicionado gota a gota e agitado durante 1 hora. A reação foi incubada durante a noite a 25 ° C para dar um reagente de zinco, que foi utilizado diretamente na reação seguinte.

O 2,6-dimetil-4-ciano-iodobenzeno (2,8 g), tris (o-tolil) fosfina (0,02 g), Pd2 (dba) 3 (0,03 g) e DMF (6 mL) adicionados ao balão de reação e aquecidos a 90 ° C, foi adicionado gota a gota reagente de zinco preparado acima da adição gota a gota foi completada 0,5 horas. A TLC mostrou que a reação estava completa, arrefecida a 15 ~ 20 ° C. Solução saturada de cloreto de amónio (20 ml) e acetato de etilo (20 ml), agitada, as camadas foram separadas, a fase orgânica foi lavada com solução saturada de cloreto de amónio (20 ml), água (20 ml), seca sobre sulfato de sódio anidro, filtrada e concentrada para dar (S)-2,6-dimetil-4-ciano-N-Boc-fenilalanina éster metílico (3,29 g, rendimento 90%).

O éster metílico da (S)-2,6- dimetil-4-ciano-N-Boc-fenilalanina (3,29 g) foi adicionado a um tetra-hidrofurano (15 ml) e água (15 ml), agitado sob arrefecimento a 0-5° C. O hidróxido de lítio mono-hidratado foi adicionado gota a gota a uma solução de (0,62 g) em água (10 ml). Agitou-se durante 1,5 h, tendo o TLC revelado uma reação completa. Acetato de etilo (15 ml). A fase aquosa é ajustada com ácido clorídrico e foi adicionada gota a gota IM PH = 2, filtrada, lavada com água (20 ml), 40°C durante 8 horas e seca sob vácuo para dar (S) -2,6- dois metil-4-ciano-fenilalanina -N-Boc- (composto V, 3,03 g, 96%).

A um recipiente de reação foi adicionado 100mL de tampão de fosfato (20mL, pH = 7,0), ajustado para pH 7,5 com ácido fosfórico, foi adicionado (S) -2,6- dimetil-4-ciano obtido acima preparado N-Boc- fenilalanina (1.5 g), foi adicionado um pó de enzima nitrilo hidratase NHT101 (0,1 g) foi agitado sob um volume uniforme para 30mL, 25 ° C magneticamente agitado reator aberto, durante a reação NaOH (3M) controlando o pH da reação em cerca de 7,0, processo de reação de deteção TLC. Após a reação ter sido de 70 ° C durante 2h, a mistura de reação de desnaturação de proteínas, a proteína é removida por filtração, foi adicionado NaOH (3M) ajustando o pH = 9, extraído três vezes o volume de acetato de etilo e semelhantes, as fases orgânicas foram combinadas, secas sobre sulfato de sódio anidro e evaporadas sob pressão reduzida, obtendo-se (S)-2,6- dimetil-4-carbamoil-carbonil -N-Boc-fenilalanina (composto IA, 1 - 54 g, rendimento 97%), HPLC detectou o produto do tipo S com um valor ee de 99 5%.

Exemplo-63: Preparação de (S) -2,6- dimetil-4-carbamoil-carbonil -N-Boc-fenilalanina (Composto I-A)

Adicionou-se zinco em pó (2,17 g), DMF (5,4 ml) e 1,2-dibromoetano (0,36 g) ao balão de reação e aqueceu-se a 100 ° C, incubando-se durante 5 minutos. Arrefeceu-se à temperatura ambiente, cloreto de trimetilsililo (0,13 g), o éster metílico de (R)-3-iodo-N-Boc-alanina (7,1 g) em DMF (5,4 ml) a 20 ° C e O sistema reacional foi adicionado gota a gota, agitado durante 1 hora. A reação foi incubada durante a noite a 25 ° C para dar um reagente de zinco, que foi utilizado diretamente na reação seguinte.

O 2,6-dimetil-4-ciano-iodobenzeno (2,8 g), tris (o-tolil) fosfina (0,02 g), Pd2 (dba) 3 (0,03 g) e DMF (6 mL) adicionados ao balão de reação e aquecidos a 90 ° C, foi adicionado gota a gota reagente de zinco preparado acima da adição gota a gota foi completada 0,5 horas. TLC mostrou material de partida a reação estava completa, arrefecida a 15 ~ 20 ° C. Solução saturada de cloreto de amónio (20 mL) e acetato de etilo (20 ml), agitada, as camadas foram separadas, a fase orgânica foi lavada com solução saturada de cloreto de amónio (20 ml), água (20 mL), seca sobre sulfato de sódio anidro, filtrada e concentrada para dar (S)-2,6-dimetil-4-ciano-N-Boc-fenilalanina éster metílico (3,29 g, rendimento 90%).

10mm adicionados no recipiente de reação 50mL de tampão fosfato (20mL, pH = 7,0), ajustado a pH 7,0 com ácido fosfórico, foi adicionado (S)-2,6-dimetil-4-ciano obtido acima preparado N-Boc-fenilalanina éster metílico (3 g), agitar nitrilo hidratase enzima em pó foi adicionado NHT101 (0.3 g) volume a 30mL, agitação magnética a 30 ° C a reação aberta, durante a reação NaOH (3M) para controlar o pH da reação em cerca de 7,0, processo de reação de deteção TLC. Após a reação ter sido de 75 ° C durante 2h, a mistura de reação de desnaturação de proteínas, a proteína é removida por filtração, foi adicionado NaOH (3M) ajustando o pH = 9, extraído três vezes o volume de acetato de etilo e semelhantes, as fases orgânicas foram combinadas, secas sobre sulfato de sódio anidro, e evaporadas sob pressão reduzida obtida (S)-2,6-dimetil-4-carbamoil-carbonil -N-Boc-fenilalanina éster metílico (composto I, 3.1 g, rendimento 98%), o valor detectado por HPLC do produto do tipo S foi de 99,1% ee .

O éster metílico de (S)-2,6- dimetil-4-carbamoil-carbonil -N-Boc-fenilalanina (3,1 g) foi adicionado a um tetrahidrofurano (15 ml) e água (15 mL) e agitado a Foi arrefecido a 0~5°C. O hidróxido de lítio mono-hidratado foi adicionado gota a gota a uma solução de (0,62 g) em água (10 ml). Agitou-se durante 1,5 h, a TLC mostrou uma reação completa. Acetato de etilo (15 ml). A fase aquosa é ajustada com ácido clorídrico foi adicionada gota a gota IM pH = 2, filtrada, água (20ml) foi lavada, 40 ° C 8 horas e seca sob vácuo para dar (S) -2,6- dois metil-4-aminometil-carbonil -N-Boc-fenilalanina (composto IA, 2,83 g de, 95%), HPLC detectou o valor do produto do tipo S foi 99,2% ee.

7_WO2017114446 (a seguir designado por WO'446)[ ][16]	
Título	Nova forma cristalina de Eluxadolina e respetivo método de preparação

Requerente		Crystal Pharmatech Co Ltd [CN]	
Data de apresentação		28-Dez-2016	
Dados prioritários		N.º de prioridade	Data de prioridade
	:	CN201511028736	20151231
Estatuto jurídico	:	Foi efectuada uma publicação internacional.	
Equivalentes	:	- - -	
Observações	:	- - - -	

WO2017114446 Pedido PCT atribuído à Crystal pharmatech co ltd [CN] e o seu estado atual é o de publicação internacional.

A invenção de WO'446 está relacionada com uma Forma B de Eluxadolina caracterizada por um padrão de difração de raios X em pó de valor 2theta de 6,3 ° ± 0,2 °, 15,0 ° ± 0,2 °, 17,8 ° ± 0,2 ° com picos caraterísticos.

A invenção de WO'446 também está relacionada a uma forma C de Eluxadoline caracterizada por um padrão de difração de pó de raios-X com valor 2theta de 11,6 ° ± 0,2 °, 13,0 ° ± 0,2 °, 6,6 ° ± 0,2 °, 18,2 ° ± 0,2 ° com os picos caraterísticos.

Exemplo-64: Preparação da forma amorfa da Eluxadolina:

1. O cloridrato foi adicionado a 3,9g de Eluxadoline 22,9mL de água desionizada, agitado à temperatura ambiente até se obter uma solução límpida, com agitação de 500 rpm por (rotações por minuto);

2. foi adicionada lentamente, gota a gota, uma solução de NaOH 0,1 mol / L à solução límpida acima referida do sal cloridrato de Aisha, e a solução foi ajustada para um pH de 10,17, sendo neste momento uma solução límpida;

3. foi lentamente adicionado gota a gota 0,8mol / L de solução de HCl, a solução é ajustada para pH 6,55, neste momento um monte de cristal precipitado sólido branco foi agitado lama;

4. à temperatura ambiente e o sólido separado foi filtrado por sucção, tendo o bolo filtrante sido seco sob vácuo a 40 T durante 24 horas para obter uma forma livre de

amostra seca de eluxadolina florestal.

Exemplo-65: Preparação da forma B da eluxadolina:

Pesar 50,2 mg de forma livre de Eluxadoline Exemplo de Preparação 64, foi adicionado 1,3 mL de volume de N-metilpirrolidona, e um solvente misto de acetato de isopropilo 3:10 suspensão foi agitada a 50 T 48 horas, centrifugação, secagem do sólido recolhido.

Após o ensaio, a presente concretização é obtida na forma sólida B.

Exemplo-66: Preparação da forma B da eluxadolina:

Eluxadolina pesou 5,8 mg de forma livre obtida na preparação do Exemplo 64 (98,11% de pureza), uma proporção de volume de 550µL foi adicionada a um solvente misto de acetona e N-metilpirrolidona 1: 5, a suspensão foi agitada a 50 T 48 horas, separação centrífuga, secagem, sólido foi coletado, pureza medida de 98,59%.

Exemplo-67: Preparação da forma C da eluxadolina:

Pesar 54,9 mg de forma livre de eluxadolina obtida na preparação do Exemplo 64 (98,11% de pureza), a razão de volume foi adicionada a 1,3 mL de dimetilformamida e um solvente misto de metiletilcetona a 3:10, a 50° C, suspensão sob agitação durante 48 horas por centrifugação, seca no vácuo, o sólido foi recolhido, pureza medida de 98,22%.

Após o ensaio, a presente concretização é obtida na forma sólida C.

Exemplo-68: Preparação da forma C da eluxadolina:

Pesando 53,2 mg da forma livre da Eluxadolina do Exemplo de Preparação 64, adicionou-se 1,6mL de solvente misto de etanol e n-heptano na proporção de 3:5, a suspensão foi agitada durante 48 horas à temperatura ambiente, centrifugada e seca no vácuo, tendo o sólido sido recolhido.

Exemplo-69: Estudo experimental da higroscopicidade da forma C da eluxadolina:

Tomar a forma C 10mg invenção teste de sorção dinâmica de humidade (DVS), em seguida, amostrados para XRPD. Que DVS 10, comparação XRPD de antes e depois da experiência de higroscopicidade. A figura superior mostra o padrão XRPD dos testes de higroscopicidade frontal, o padrão XRPD higroscópico após o teste da figura seguinte. Os resultados mostraram que, após o ensaio, a forma cristalina higroscópica não foi alterada.

Exemplo-70: Estabilidade da forma experimental C da eluxadolina:

A amostra da Forma C preparada no Exemplo 4 foi colocada em cada um dos quatro tanques de temperatura e humidade constantes de 5 T, 25 T / 60% RH, 40 T / 75% RH e 60 T / 75% RH colocados num espaço aberto durante duas semanas, sendo depois recolhidas amostras para XRPD. Resultados 12 (de cima para baixo para o padrão XRPD de referência da Forma C, colocado em 5 T, 25 T / 60% RH, padrão XRPD por duas semanas em condições de 40 T / 75% RH) e 13 (Forma C de cima para baixo como o padrão XRPD de referência, deixado em repouso em condições de 60 T / 75% RH padrão XRPD de uma e duas semanas).

Forma C a 5 T, 25 T / 60% RH, a 40 T / 75% RH e 60 T / 75% RH condições, duas semanas polimorfo permanecem inalterados, os resultados do teste acima mostram que a forma C tem boa estabilidade sexo.

Exemplo-71: Eluxadolina da forma B, forma C Estudos de solubilidade com cristal convencional de tipo β:

A preparação obtida de Aisha de Lin Jing B, forma tipo C e o cristal convencional de tipo β, respetivamente, amostram o SGF (suco gástrico artificial simulado), pH5.0FeSSIF (fluido intestinal simulado em estado de alimentação), pH6.5FaSSIF (fluido intestinal artificial em estado de jejum) e formulado em uma solução saturada de água pura, uma solução saturada do conteúdo da amostra do ensaio por cromatografia líquida de alta eficiência (HPLC) após 1 hora, 4 horas e 24 horas.

Breve descrição

Figura-33	:	Mostra o padrão XRPD da forma amorfa da Eluxadolina
Figura-34	:	Mostra^{1} H Dados de RMN da Eluxadolina amorfa
Figura-35	:	Mostra o padrão XRPD da Eluxadolina Forma B.
Figura-36	:	Mostra o gráfico DSC da Eluxadolina Forma B;
Figura-37	:	Mostra o gráfico TGA da forma B de eluxadolina
Figura-38	:	Mostra o padrão XRPD da Eluxadolina Forma C;

Figura-39	:	Mostra o gráfico DSC da forma C da eluxadolina
Figura-40	:	Mostra o gráfico TGA da forma C da eluxadolina
Figura-41	:	Mostra[1] H Dados de RMN da forma C da eluxadolina
Figura-42	:	Mostra °C DVS de Eluxadoline Form
Figura-43	:	Mostra o gráfico de comparação higroscópica XRPD de Eluxadoline Form C antes e depois do ensaio (a imagem superior mostra o padrão XRPD antes do ensaio de humidade do primário, o padrão XRPD após o ensaio de higroscopicidade da figura)
Figura-44		Mostra a comparação XRPD da forma cristalina da eluxadolina antes e depois do ensaio de estabilidade C (forma C de cima para baixo como padrão XRPD de referência, colocada em 5 T, 25 T / 60% HR, 40 T / 75% XRPD padrão RH durante duas semanas)
Figura-45		Mostra o gráfico de comparação antes e depois do XRPD da Eluxadolina da floresta de teste de estabilidade da Forma C (Forma C de cima para baixo como padrão XRPD de referência, deixada em condições de 60 T / 75% RH por uma semana e duas semanas de padrão XRPD).

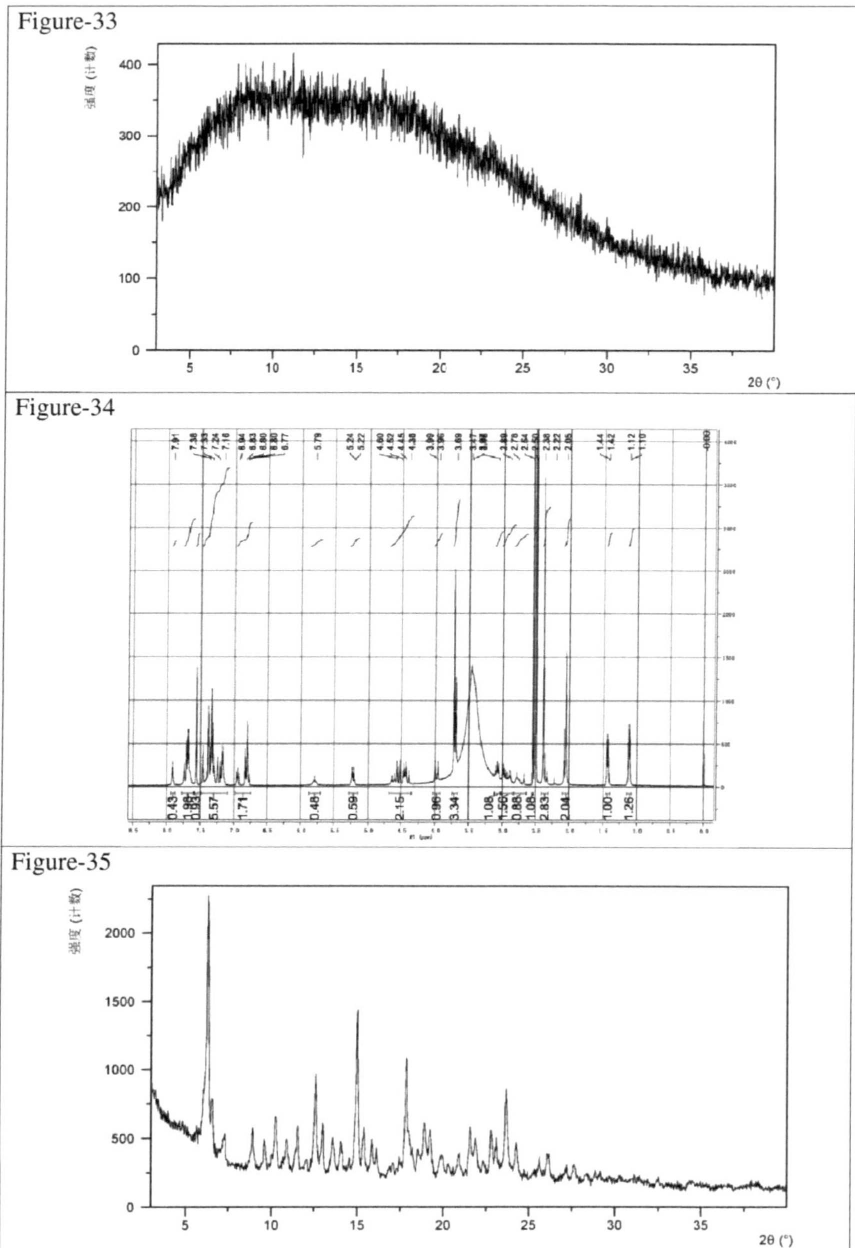
Figure-33
强度 (计数)
2θ (°)
Figure-34
Figure-35
强度 (计数)
2θ (°)

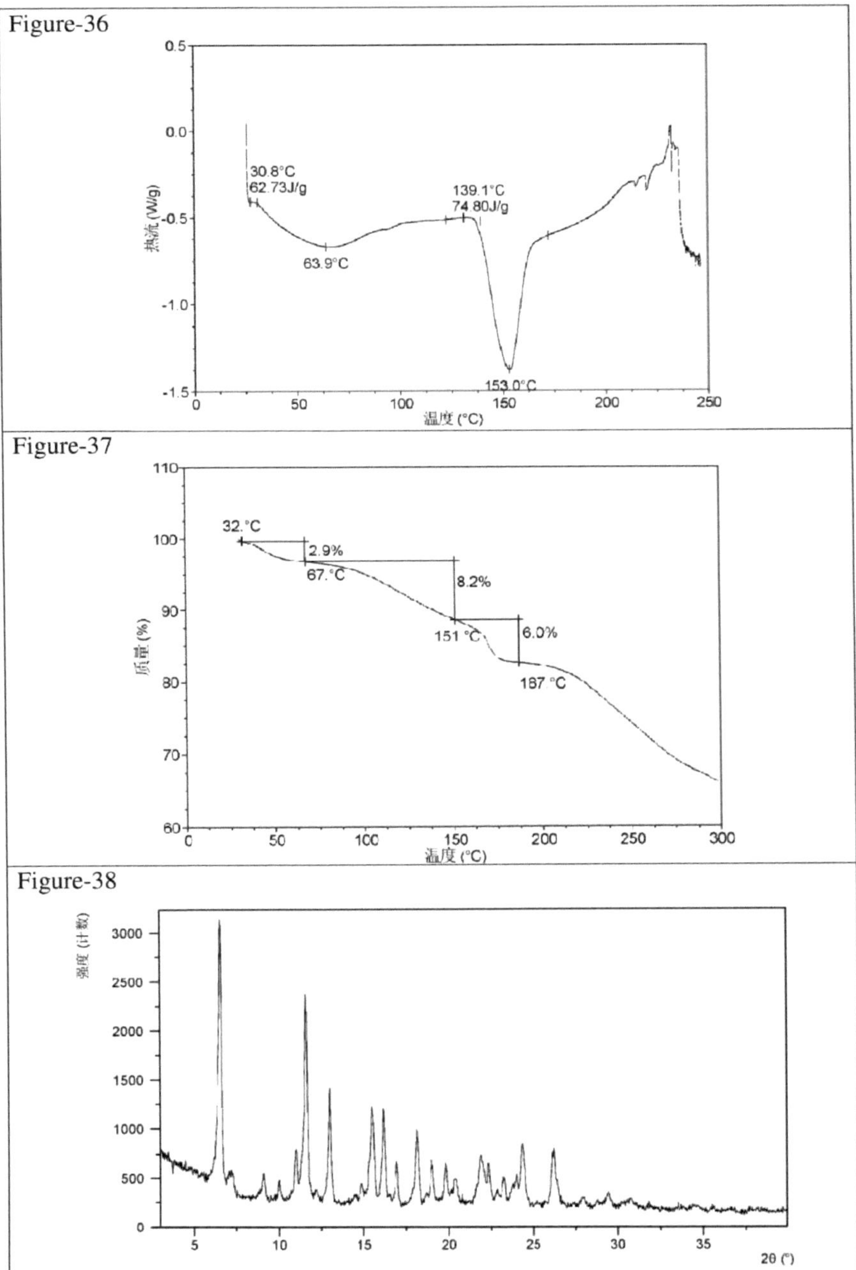
Figure-36
30.8°C
62.73J/g
139.1°C
74.80J/g
63.9°C
153.0°C
热流 (W/g)
温度 (°C)
Figure-37
32.°C
2.9%
67.°C
8.2%
151.°C
6.0%
187.°C
质量 (%)
温度 (°C)
Figure-38
强度 (计数)
2θ (°)

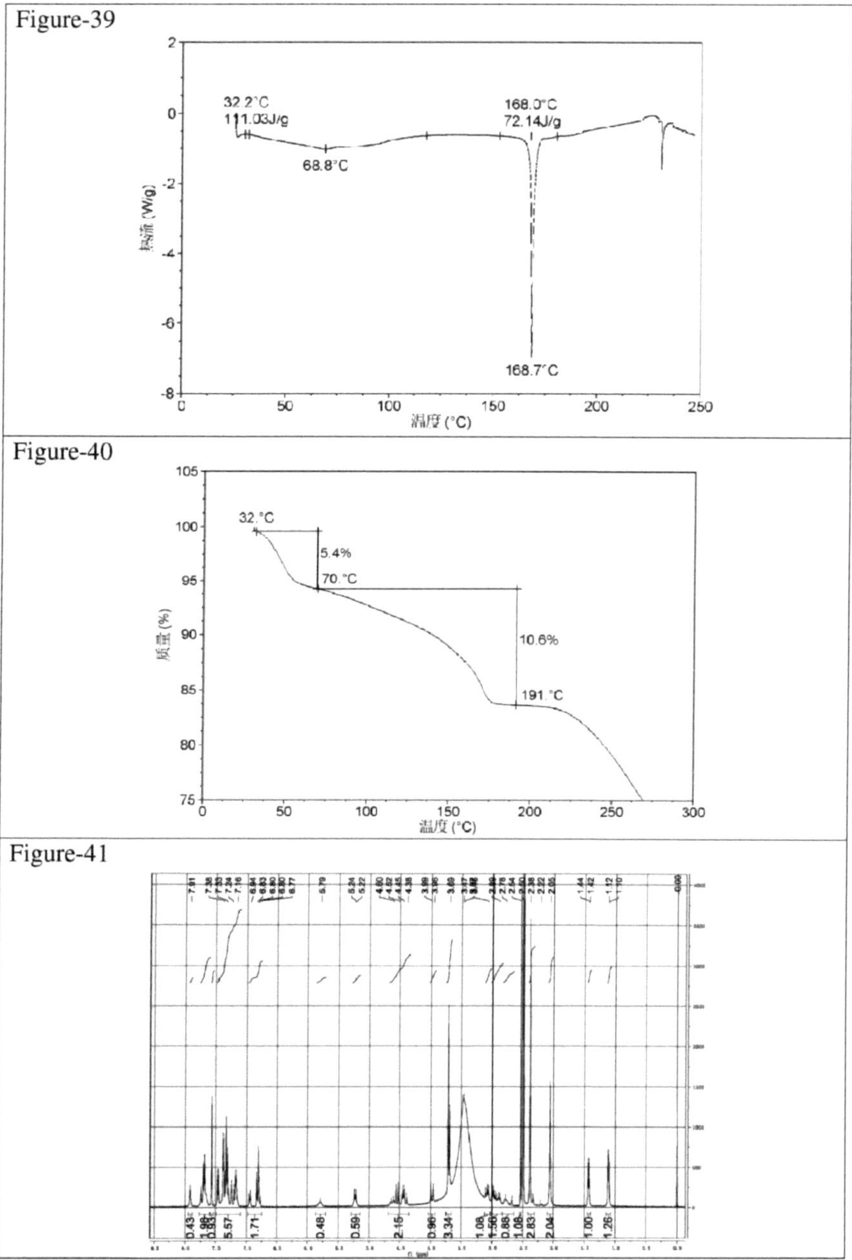

Figure-39
32.2°C
111.03J/g
68.8°C
168.0°C
72.14J/g
168.7°C
热流 (W/g)
温度 (°C)
Figure-40
32.°C
5.4%
70.°C
10.6%
191.°C
质量 (%)
温度 (°C)
Figure-41

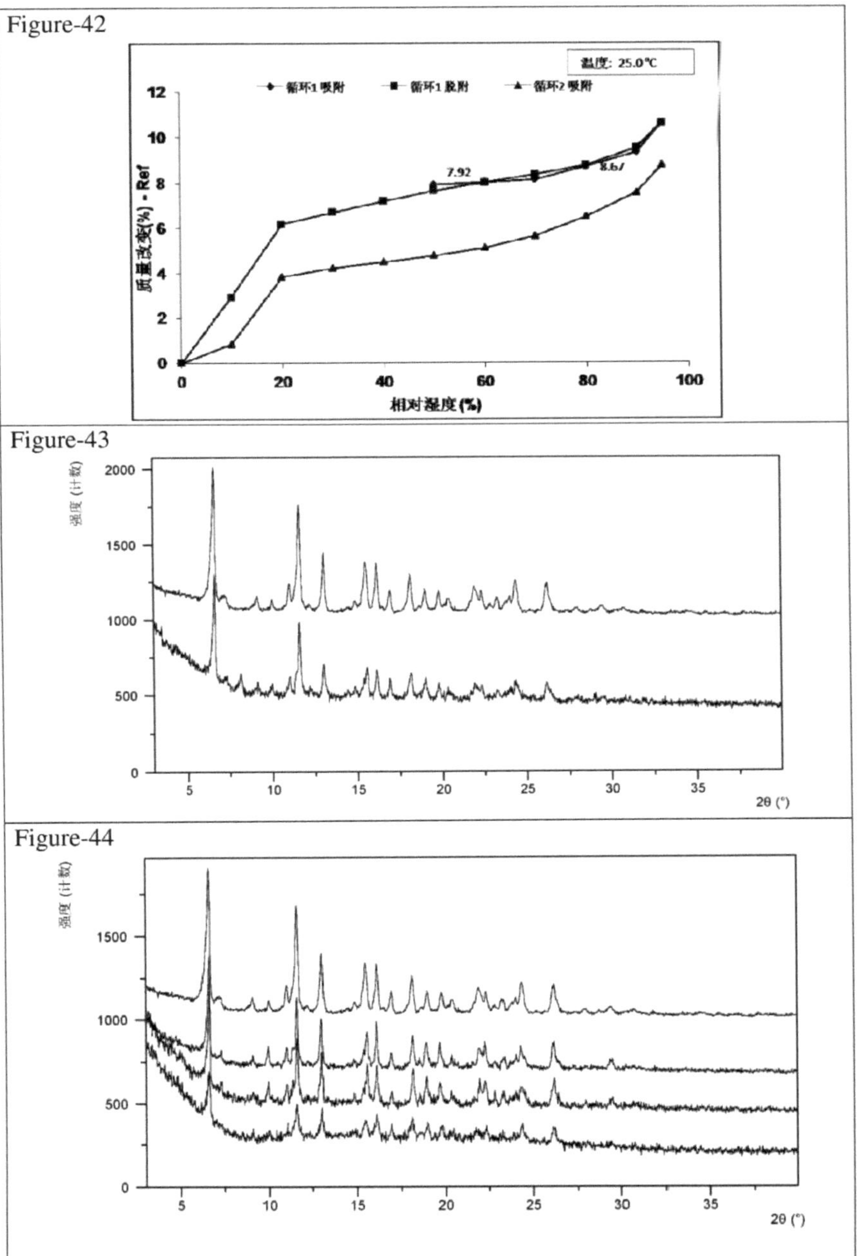

Figure-42
温度: 25.0℃
循环1 吸附
循环1 脱附
循环2 吸附
质量改变(%) - Ref
12
10
8
6
4
2
0
7.92
8.67
0
20
40
60
80
100
相对湿度 (%)
Figure-43
强度 (计数)
2000
1500
1000
500
0
5
10
15
20
25
30
35
2θ (°)
Figure-44
强度 (计数)
1500
1000
500
0
5
10
15
20
25
30
35
2θ (°)

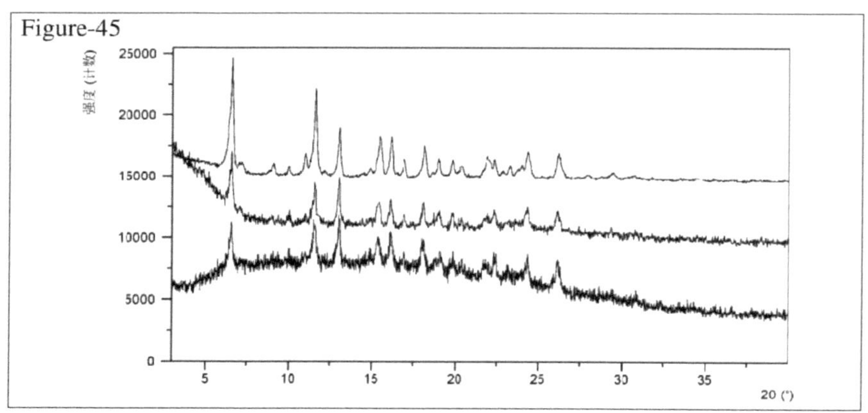

8_WO2017153471 (a seguir designado por WO'471)[ ][17]

Título	:	Novas formas cristalinas estáveis de solvatos de eluxadolina	
Requerente	:	Euticals Spa [IT]	
Data de apresentação	:	8-Mar-2017	
Dados prioritários		N.º de prioridade	Data de prioridade
		US201662306747P	20160311
		EP20160180635	20160721
Estatuto jurídico	:	Foi efectuada uma publicação internacional	
Equivalentes	:	- - -	
Observações	:	- - - -	

WO2017153471 Pedido PCT atribuído a Euticals SPA [IT] e o seu estado atual é o de publicação internacional.

A invenção WO'471 refere-se a um solvente com 4-metilpentano-2-ona denominado "Eluxadolina forma gama" e o solvente com metilterbutoléter denominado "Eluxadolina forma delta".

Forma de eluxadolina gama e delta caracterizada por um espetro DRX com os seguintes picos de difração de raios X em pó a cerca de (±0,2 2theta) 6,28, 7,30, 8,9, 9,60, 10,26,

10,9, 12,62, 13,60, 14,10, 15,86, 17,96, 18,62, 19,02, 19,32, 20,08, 21,06, 22,64, 22,98, 23,82, 25,52, 26,12, 27,02, 27,56, 27,84, 29,70, 31,34, 31,62, 32,68 graus 2 theta.

Processo de fabrico da Eluxadolina na forma amorfa que consiste em dissolver numa solução aquosa básica com um pH de 8 a 12, de preferência uma solução de hidróxido de sódio, e acidificar a mistura até um valor de pH de 5 a 8, de preferência de 6 a 7.

Forma cristalina de solvato de 4-metilpentan-2-ona de Eluxadolina com um espetro de DRX com picos em cerca de (±0,2): 6,28, 7,30, 8,9, 9,60, 10,26, 10,9, 12,62, 13,60, 14,10, 15,86, 17,96, 18,62, 19,02, 19,32, 20,08, 21,06, 22,64, 22,98, 23,82, 25,52, 26,12, 27,02, 27,56, 27,84, 29,70, 31,34, 31,62, 32,68 graus 2 theta.

Esquema de reação 39 para o fabrico da forma amorfa do benzoato de (S)-metil-2-metoxi-5-((((1 -(4-fenil-1 H-imidazol-2-il) etil) amino) metil)

do composto 1

$^{+}H_2N$ N N H $2Cl^-$ + O $COOCH_3$ O → O $COOCH_3$ N N H NH → O $COOCH_3$ N N H NH_2^+ COOH HOOC Compound-1 → O $COOCH_3$ N N H NH

Esquema de reação 40 para o fabrico da forma amorfa da eluxadolina a partir do benzoato de (S)-metilo 2-metoxi-5-((((1 -(4-fenil-1 H-imidazol-2-il) etil) amino) metilo)

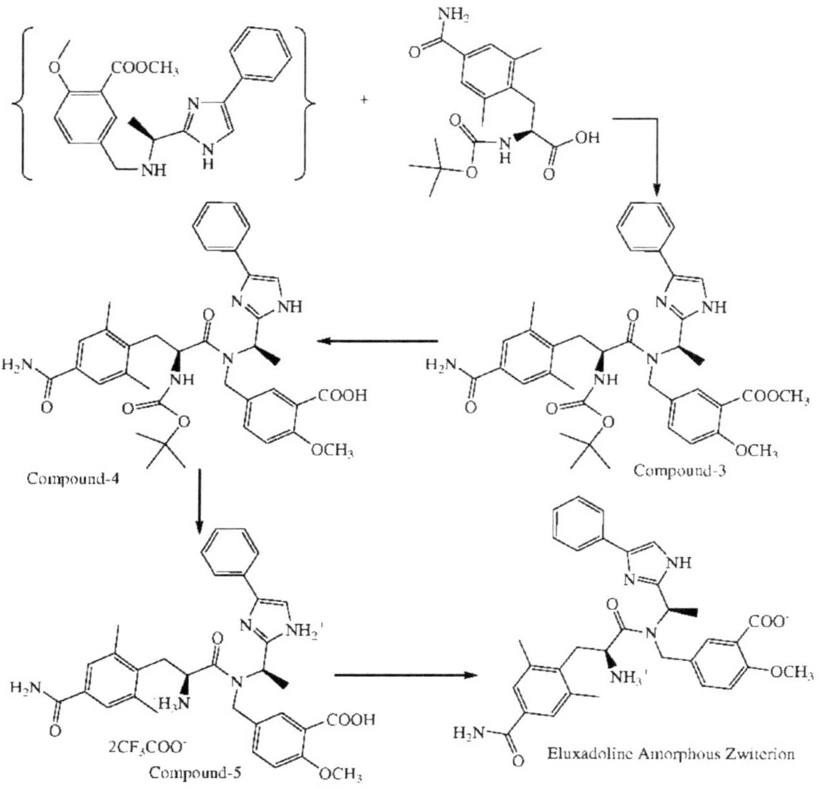

Esquema de reação 41 para o fabrico da forma amorfa do benzoato de (S)-metil-2-metoxi-5-(((1-(4-fenil-1 H-imidazol-2-il) etil) amino) metil) a partir do composto 2

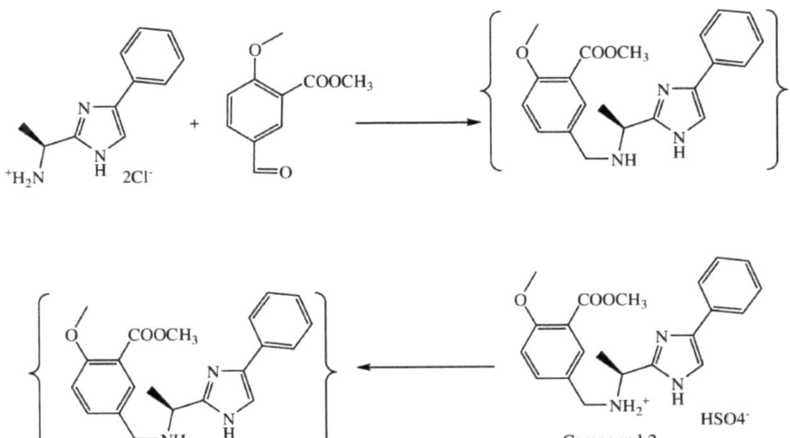

Compound-2

Reivindicações que seguem especificamente dois compostos:

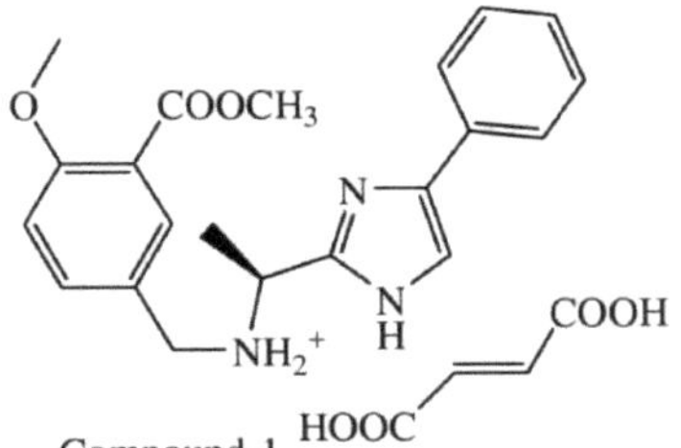

Compound-1

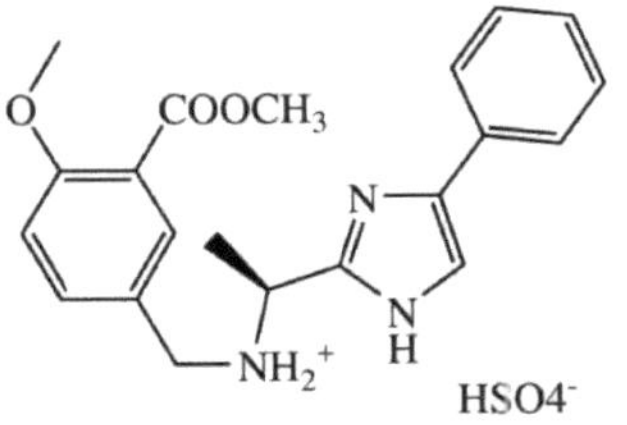

Compound-2

Exemplo-72: Preparação de (S)-N-(4-metoxi-3-imetoxicarbonil)benzil)-1 -(4-fenil-1 H-imidazol-2-il) etanamínio (E)-3-carboxiacrilato. (Composto 1)

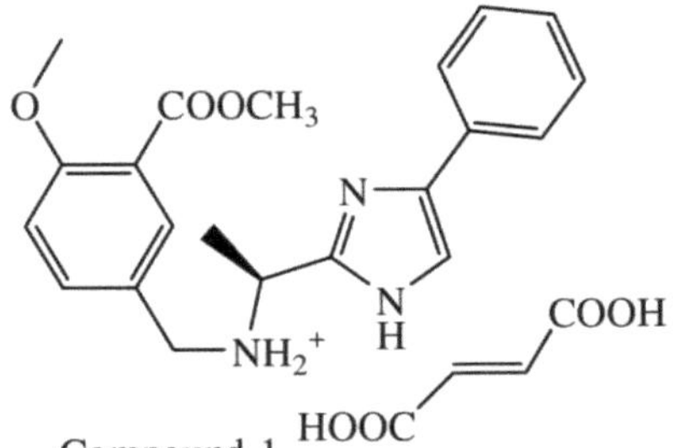

Compound-1

Dissolveram-se 50 g (82% do ensaio; 157,6) de dicloridrato de (S)-2-(1-amonioetil)-4-fenil-1H-imidazólio em metanol (385 ml), sob agitação, à temperatura ambiente. A solução obtida foi arrefecida a 0-5 °C e adicionou-se trietilamina (3,37 ml; 531,6 mmoles), mantendo a temperatura da mistura reacional inferior a 10 °C. Em seguida, adicionou-se o 5-formil-2-metoxibenzoato de metilo (31 g; 159,6 mmoles) à mistura reacional por meio de uma ampola de decantação (no final da adição, a ampola foi lavada com 100 ml de metanol e a solução de lavagem adicionada à mistura reacional). A temperatura da reação foi levada a 2025 °C e mantida sob agitação a esta temperatura durante 3,5 períodos. A reação foi arrefecida a 0-4 °C e o borohidreto de sódio (5,4 g; 142,59 mmoles) foi adicionado em fracções de cerca de 45'. Após este período, adicionou-se sequencialmente HCI 6M (126 ml) e água (185 ml) à mistura reacional, mantendo a temperatura inferior a 10°C. A mistura reacional foi mantida sob agitação a 15-18 °C durante 16 horas e depois concentrada por evaporação sob vácuo até um volume final de cerca de 330 ml. O resíduo aquoso assim obtido foi arrefecido a 0-5 °C, o pH corrigido com NaOH 30% (cerca de 70 ml) até um valor final de 10, extraído com acetato de etilo (2 x 300 ml). A fase orgânica extraída foi concentrada sob vácuo até um volume final de cerca de 270 ml (o valor do doseamento desta solução é de 52,2 g de benzoato de (S)-metil-2-metoxi-5- (((1-(4-fenil-1 H-imidazol-2-il) etil)amino)metil)equivalente a cerca de 142,8 mmoles). A solução obtida foi adicionada, sob agitação à temperatura ambiente, a uma suspensão de ácido fumárico (19,3 g; 166 mmoles) em metanol (27 ml) à temperatura de 15-20 °C e depois mantida sob agitação a 20-25 °C durante 18 horas. Após este período, a suspensão obtida foi arrefecida a 0-5 °C durante 1 hora e o precipitado foi recuperado por sucção, lavado no filtro com acetato de etilo (120 ml) e seco sob vácuo a 60 °C, obtendo-se 80,73 g do composto 1 (doseamento de 82% equivalente a 138 mmoles de produto; rendimento molar global do dicloridrato de (S)-2-(1- amonioetil)-4-fenil-1H-imidazólio: 87%). ^{1}HNMR (500 MHz) em metanol deuterado a 298K (δ): 1 .71 (3H; d; CH3-CH), 3.81 (3H; s; Ar-0- CH3), 3.83 (3H; s; COOCH3), 3.99-4.12 (2H; dd; Ar-CH2-NH2+-), 4.46-4.50 (1 H; q; CH-CH3), 6.72 (2H; s; -CH=CH-), 7.1 1 (1 H; d; 5CH aromático), 7.27 (1 H; t; 4'CH aromático), 7,41 (2H; t; 3' e 5' CH aromáticos), 7,46 (1 H; s; CH= imidazol), 7,56 (1 H; d; 6CH=aromático), 7,72 (2H; d; 2' e 6' CH aromáticos).

Exemplo-73: Preparação do hidroqensulfato de (S)-N-(4-metoxv-3-(metoxvcarbonvl)benzil)-1 - (4-fenil-1 H-imidazol-2-vl etanamínio. (Composto 2)

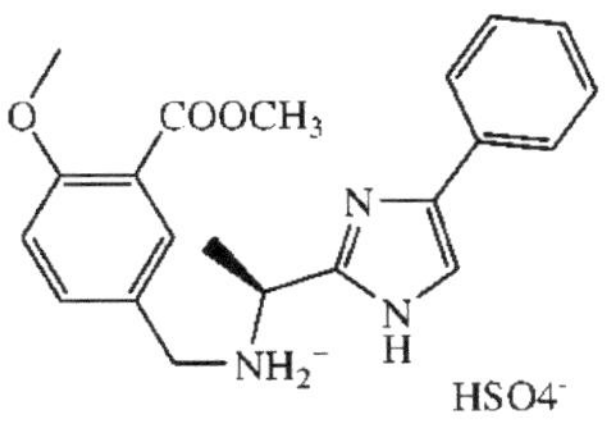

COOCH$_3$ N N H NH_2^- $HSO4^-$

Compound-2

A partir de uma solução de benzoato de (S)-metil 2-metoxi-5-((((1-(4-fenil-1 H-imidazol-2-il) etil)amino)metil) em acetato de etilo, preparada de acordo com o procedimento geral do exemplo 1, preparou-se o sal de hidrogenossulfato correspondente.

A uma solução de benzoato de (S)-metil-2-metoxi-5-((((1-(4-fenil-1 H-imidazol-2-il) etil)amino)metil) (8,94 g; equivalente a 24,4 mmoles) em acetato de etilo (100 ml), sob agitação à temperatura ambiente, foram adicionados sequencialmente metanol (30 ml) e ácido sulfúrico a 96% (2 ml; 37,6 mmoles). A suspensão obtida foi adicionada gota a gota a éter metil-terc-butílico (400 ml), sob agitação à temperatura ambiente, e mantida nestas condições durante 2 horas. O precipitado obtido foi recuperado por sucção e lavado no filtro com éter metil-terc-butílico (sob vácuo a 60 °C), obtendo-se 11,5 g do composto 2 (pureza por HPLC 98,38%; rendimento do benzoato de (S)-metil-2-metoxi-5-((((1-(4-fenil-1 H-imidazol-2-il) etil)amino)metilo): 100%). ^{1}HNMR (500 MHz) em metanol deuterado a 298K (δ): 1 .95 (3H; d; CH3-CH), 3.75 (3H; s; Ar-0-CH3), 3.77 (3H; s; COOCH3), 4.16-4.38 (2H; dd; C¾-N¾+-), 5.035.07 (1 H; q; CH-CH3), 7.0∠ (1 H; d; 5CH aromático), 7.39 (1 H; t; 4'CH aromático), 7.46 (2H; t; 3' e 5' CH aromáticos), 7.73 (1 H; dd; 6CH=aromático), 7.76 (1 H; s; CH= imidazol), 7.81 (2H; d; 2' e 6' CH aromáticos), 7.87 (1 H; d; 2CH aromático).

Exemplo-74: Preparação do 5-(((S)-2-((tert-butoxicarbonil)amino)-3-(4-carbamoil-2,6-dimetilfenil)-N-((S)-(4-fenil-1H-imidazol-2-il)etil)propan amido)metil)-2-metoxvbenzoato de metilo. (Composto 3)

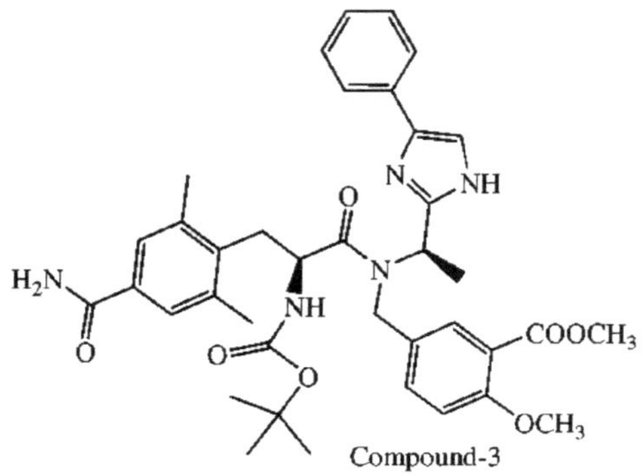

Compound-3

63 g (148,8 mmoles) de (S)-N-(4-metoxi-3-(metoxicarbonil)benzil)-1-(4-fenil-1 H-imidazol-2-il)etanamínio (E)-3-carboxiacrilato foram suspensos sob agitação à temperatura ambiente em acetato de etilo (300 ml) e depois adicionados sequencialmente água (250 ml) (cerca de 200 ml) (valor final de pH 10). Em seguida, a agitação é interrompida e as fases são separadas; a fase aquosa separada é novamente extraída com acetato de etilo (310 ml). As fases orgânicas recolhidas foram concentradas sob vácuo até um volume final de cerca de 100 ml, sendo depois adicionado acetato de etilo fresco (200 ml) e a solução obtida evaporada sob vácuo até um volume residual de cerca de 65 ml. Em seguida, adicionou-se N,N dimetilformanida (200 ml) e a solução obtida foi evaporada sob vácuo até um volume final de 200 ml (valor de ensaio de 50,65 g equivalente a 137,64 mmoles de benzoato de (S)-2-metoxi-5-((((1-(4-fenil-1H-imidazol-2-il)etil)amino) metilo) de metilo) de metilo; 92,52% de rendimento). Dissolveram-se 48,4 g (143,9 mmoles) de ácido (S)-2- ((terc-butoxicarbonil)amino)-3-(4-carbamoil-2,6-dimetilfenil)propanoico, sob agitação, à temperatura de cerca de 4°C, em N,N-dimetilformamida (400 ml), adicionando-se em seguida N-metil morfolina (23,7 ml; 216 mmoles) e arrefecendo a mistura obtida a 0-5°C. Adicionou-se a 2-cloro-4,6-dimetoxi-1 ,3,5-triazina (37,9 g; 216 mmoles), numa fração de cerca de 20', e a suspensão obtida foi mantida sob agitação a 0-5 °C durante cerca de 1 hora. Em seguida, mantendo a mistura reacional sob agitação a 0-5 °C, adicionou-se a solução acima referida de benzoato de (S)-metil-2-metoxi-5-(((1-(4-fenil-1 H-imidazol-2-il)etil)amino) metilo) em DMF (valor de ensaio de 50,65 g equivalente a 137,64 mmoles) em cerca de 25'. A mistura reacional foi mantida sob agitação a 15-20 °C durante cerca de 18 horas, tendo depois sido adicionada gota a gota em 45-50' de água

(2,5 litros) sob agitação vigorosa a 15-20 °C e mantida nestas condições durante cerca de 1 hora. A suspensão obtida foi filtrada por sucção e o precipitado foi lavado no filtro com água (3 x 300 ml), obtendo-se um produto húmido com um valor de ensaio de 73,9 g (108 mmoles) do composto 3 (75% do rendimento molar do ácido (S)-2-((tert-butoxicarbonil)amino)-3-(dimetilfenil)propanoico; pureza por HPLC 91 ,4%). ^{1}HNMR (500 MHz) em clorofórmio deuterado a 300K: 0,92 (3H; s ampla; CH3-CH), 1,46 (9H; s; (CH3)3C-), 2,30 (6H; s; CH3 aromáticos), 2.99-3,03 e 3,32 (2H; 2dd; aromático-CH2-CH), 3,61 (3H; 1 s largo; 0-CH3), 3,77 (3H; s largo; COOCH3), 3,98 e 4.41 (2H; 2 sinais largos; Ar-CH2-N-), 4,79 (1 H; s largo; CH-CH3), 4,99 (1 H; s largo; NH-CH-CO), 6,58 (1 H; d; 3CH aromático), 7,08-7,68 (10 H; sistema complexo t; 4CH, 6CH, 2'CH" 3'CGH, 4'CH, 5'CH, 6'CH, 3 "CH, 5 "CH aromáticos e CH= imidazol).

Exemplo-75: Preparação do ácido 5-(ffS)-2-((terc-butoxicarbonil)amino)-3-(4-carbamoil-2,6-dimetilfenil)-N-((S-1-(4-fenil-1H-imidazol-2-il)etvnpropanamido)metil) ácido -2-metoxibenzóico. (Composto 4)

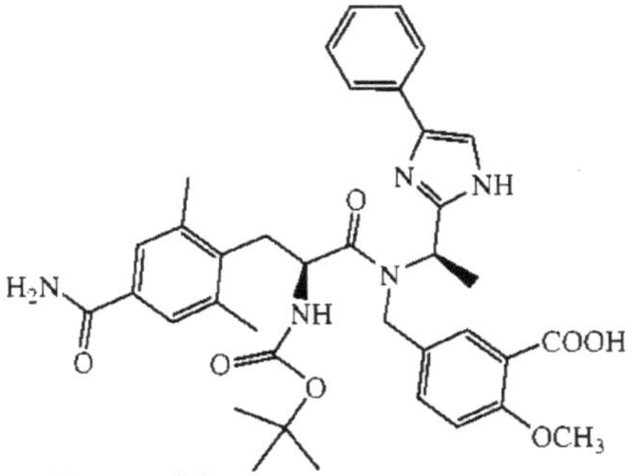

Compound-4

5 g de 5-(((S)-2-((tert-butoxicarbonil)amino)-3-(dimetilfenil)-N-((S)-1-(4- fenil-1H-imidazol-2-il)etil)propanamido)metil)-2-metoxibenzoato de metilo (Composto 3; produto húmido; doseamento 76,2% correspondente a 48,5 mmoles de produto seco) foram dissolvidos sob agitação a 18-20°C numa mistura de THF/metanol/água=4/1/1 =v/v/v/v (242 ml). Adicionou-se hidróxido de lítio (6,04 g; 251,81 mmoles) e a mistura reacional obtida foi mantida sob agitação durante cerca de 8 horas a 18-20 °C. Em seguida, a mistura reacional foi concentrada sob vácuo até um volume residual de cerca de 70 ml e o resíduo obtido foi diluído sob agitação com 500 ml de água, corrigido para um valor final de pH de 5-6 com uma solução aquosa 2M de ácido cítrico (cerca de 45

ml) e mantido sob agitação à temperatura ambiente durante 30 minutos. A suspensão obtida é filtrada num filtro de Buckner para obter 36,1 g de produto húmido com um valor de ensaio de 85,3% e uma pureza HPLC de 97,21 (correspondente a 30,71 g do composto 4 (45,9 mmoles); rendimento molar de 94,7%). ^{1}HNMR (500 MHz) em clorofórmio deuterado a 300K: 0,96 (3H; s largo; CH3-CH), 1,51 (9H; s; (CH)33 C-), 2,14 (6H; s; 2 CH3 aromáticos), 2,98-3,01 e 3,21-3,26 (2H; 2dd; aromático-CH_2-CH), 3,81 (3H; 1 s largo; O-CH3), 4,03-4.14 (2H; sinais largos; Ar-CHp-N-), 4.91 (1 H; s largos; CH- CH3), 5.04 (1 H; s largos; NH-CH-CO), 6.72 (1 H; d; 3CH aromático), 7.23-7.67 (10 H; sistema complexo t; 4CH, 6CH, 2'CH" 3'CGH, 4'CH, 5'CH, 6'CH, 3 "CH, 5 "CH aromáticos e CH= imidazol).

Exemplo-76: Preparação de 2,2,2-trifluoroacetato de 2-((S)-1 -((S)-2-amónio-3-(4-carbamoil-2,6-dimetilfenil)-N-(3-carboxi-metoxibenzil)propanamido)etilo)-4-fenil-1 H-imidazol-1 -io. (Composto 5)

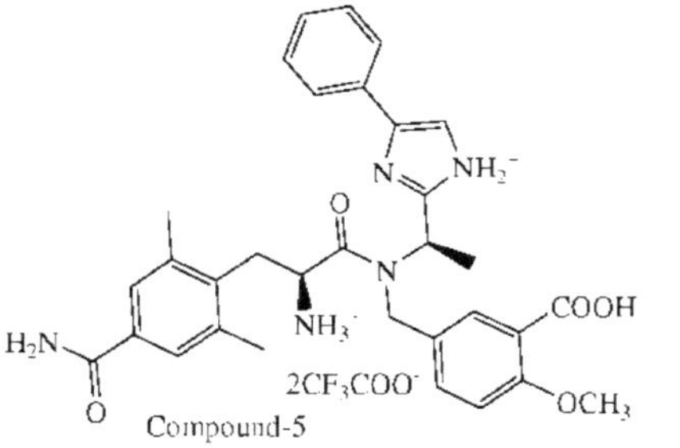

Compound-5

Sob atmosfera inerte, dissolveram-se 26,3 g do composto bruto 4 (valor de ensaio 90% correspondente a 23,67 g do composto puro 4; 35,43 mmoles), sob agitação à temperatura ambiente, em diclorometano (194 ml). Adicionou-se ácido trifluoroacético (81,1 ml; 1,059 moles) à temperatura ambiente, de acordo com o seguinte esquema: no tempo zero (40,6 ml; 530 mmoles), após 2 horas (27 ml; 353 mmoles) e após 17 horas (13,5 ml; 177 mmoles). Após a última adição, a mistura reacional foi evaporada sob vácuo até à obtenção de um resíduo, ao qual se adicionou diclorometano e se evaporou até à secura duas vezes (50 ml cada). Ao resíduo obtido foi adicionado éter metilterbutílico (237 ml) sob agitação vigorosa para obter uma dispersão homogénea que é mantida sob agitação à temperatura ambiente durante 1 hora. O precipitado obtido foi recuperado por sucção, lavado no filtro com éter metilterbutílico (3 x 65 ml), seco sob vácuo a 25°C durante 12 horas, obtendo-se 36,5 g do composto bruto 5 (pureza

HPLC=98,9%; 77% de doseamento).

Exemplo-77: Preparação de 5-(((S)-2-amónio-3-(4-carbamovl-2,6-dimetilfenil)-N-((S-1-(4-fenil-1H-imidazol-2-il)etvl)propanamido)metavl)-2-metoxibenzoato (ELUXADOLINA AMORFO-Zwitterion)

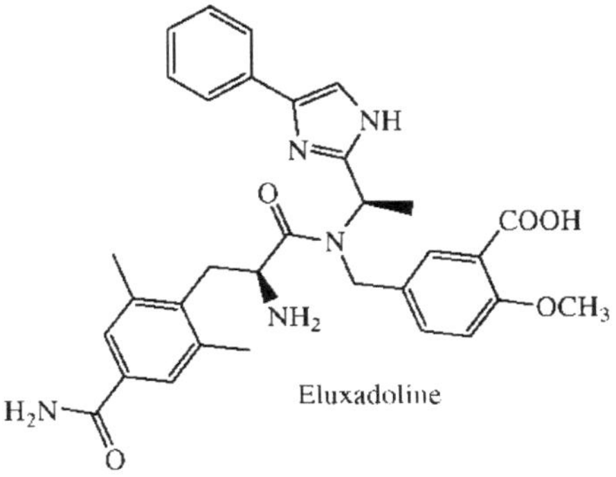

Eluxadoline

A uma solução 0,25 M de hidróxido de sódio (550 ml), sob agitação à temperatura ambiente, foram adicionados 36,0 g do composto bruto 5 (com um valor de ensaio de 27,8 g; 34,9 mmoles). A solução turva obtida foi agitada à temperatura ambiente durante 30 minutos e, em seguida, adicionou-se HCI 2M para atingir o intervalo de pH 6-7 (cerca de

28 ml). A suspensão obtida foi agitada à temperatura ambiente durante cerca de 1 hora e depois filtrada por sucção, lavando o precipitado obtido no filtro com água (2 x 82 ml). O sólido húmido foi então seco sob vácuo a 30 °C durante 24 horas para obter 18,71 g de zwitterião amorfo de eluxadolina (teor de água de 7,62%; pureza HPLC de 99,19%; valor de ensaio HPLC na substância seca de 96,7%; 84% de rendimento do composto bruto 5). Os dados de espetroscopia DRX confirmam que o produto obtido é uma forma amorfa (Figura 4). ^{1}HNMR (500 MHz) em Dimetilsulfóxido deuterado a 298K: 1,05 e 1,43 (3H; 2d; CHa-CH), 2,07 e 2,37 (6H; 2s; CH3 aromáticos), 2.78-2.92 e 3.00-3.14 (2H; 2multipletos; aromático-CHrCH), 3.69 e 3.71 (3H; 2s; 0-CH3), 3.i (1 H; 2 multipletos; Ar-CH2-CH-), 3.94-3.97, 4.36-4.40, 4.50-4.55, 4.59-4.63 (2H, multipleto, Ar-CHrN), 5.16-5.20 e 5.75 (1 H; 2 multipletos; CH-CH3), 6.79-7.91 (1 1 H; sistema complexo; 3CH, 4CH, 6CH, 2'CH, 3'CH, 4'CH, 5'CH, 6'CH, 3 "CH, 5 "CH aromáticos e CH= imidazol).

Exemplo-78: Preparação do solvato de 5-(((S)-2-amónio-3-(4-carbamovl-2,6-dimetilfenvl)-N-((S)-1-(4-fenil-1H-imidazol-2-il)etil)propanamido)-metilo) -2-

metoxibenzoato-4-metilpentano-2-ona (forma cristalina gama da eluxadolina)

500 mg de Eluxadolina Amorfo-Zwitterion (0,8 mmoles) foram dispersos sob agitação a 55 °C em metilisobutilcetona (15 ml). Após 48 horas, o precipitado foi recuperado por sucção, lavado no filtro com metilisobutilcetona (5 ml) e seco sob vácuo a 60 °C, obtendo-se 416 mg de Eluxadolina na forma cristalina gama. Este composto cristalino é um solvato não estequiométrico de eluxadolina com 4-metilpentano-2-ona. ^{1}HNMR (500 MHz) em dimetilsulfóxido deuterado a 300K: 0,85 (6H*; d; 2CH3 de 4-metilpentano-2-ona), 1,10 e 1,43 (3H; 2d; CH3-CH), 2,00-2.06 (4H*; multipleto parcialmente sobreposto a um singleto; -CH(CH)32 e CH_3 CO da 4-metilpentano-2-ona) 2.07 e 2.38 (6H; 2s; CH3 aromáticos), 2.29 (2H*; d; CH?- CH da 4-metilpentan-2-ona), 2,77-2,92 e 2,97-3,12 (2H; 2 multipletos; aromático- CHrCH), 3,70 e 3,72 (3H; 2s; O-CH3), 3,49-3,52 e 4,49 (1 H; 2 multipletos; Ar-

CH2-CH-), 3.97-4.00, 4.38-4.42, 4.51-4.52, 4.60-4.64 (2H, multipleto, Ar-CH?-N), 5.19-5.23 e 5.78 (1 H; 2 multipletos; CH-CH3), 6.81 -7.87 (11H; sistema complexo; 3CH, 4CH, 6CH, 2'CH, 3'CH, 4'CH, 5'CH, 6'CH, 3 "CH, 5 "CH aromáticos e CH= imidazol). Com base na integração relativa dos sinais de RMN da eluxadolina e da 4-metilpentano-2-ona nesta amostra, confirmamos a presença no cristal de 15% de metilpentano-2-ona. *nota=integração relativa dos sinais da 4-metilpentan-2-ona. Valores DRX (pó) 2theta (intensidade relativa%): 6.28 (83), 7.30 (22), 8.9 (18), 9.60 (21), 10.26 (13), 10.9 (33), 12.62 (66), 13.60 (24), 14.10 (19), 15.86 (22), 17.96 (100), 18.62 (28), 19.02 (25), 19.32 (27), 20,08 (32), 21 .06 (38), 22.64 (45), 22.98 (65), 23.82 (54), 25.52 (20), 26.12 (20), 27.02 (23), 27.56 (34), 27.84 (39), 29.70 (19), 31.34 (23), 31.62 (27), 32.68 (24). DSC registado a uma taxa de aquecimento de 10°C/min de 40 a 250 °C: dois picos endotérmicos a 175°C e 186 °C (43,78 J/g). Ensaio termogravimétrico (TGA) registado a uma taxa de aquecimento de 10 °C/min de 40 a 250 °C: 16% do peso (quantidade equimolar teórica: 14,9%).

Exemplo-79: Preparação do solvato de 5-(((S)-2-amónio-3-(4-carbamoil-2,6-dimetilfenil)-N-((S)-1-(4-fenil-1H-imidazol-2-il)etil)propanamido)metil)-2-metoxibenzoato com terc-butiléter metílico (forma cristalina delta da eluxadolina)

2 g de Eluxadolina na forma cristalina gama, preparada de acordo com o Exemplo 7, foram dispersos em éter metilterbutílico (80 ml), sob agitação, à temperatura de 50 °C.

Após 12 horas, o sólido em suspensão foi recuperado por sucção, lavado no filtro com metilterbutílico (20 ml) e seco sob vácuo a 60 °C, obtendo-se 1,8 g de eluxadolina na forma cristalina delta. Este composto cristalino é um solvato não estequiométrico de eluxadolina com metil-terc-butiléter. ^{1}HNMR (500 MHz) em dimetilsulfóxido deuterado a 300K: 1,09 e 1,43 (3H; 2d; CH3-CH), 1,1 1 (9H*; s; (CH3)3C de metil terc-butiléter), 2,07 e 2,38 (6H; 2s; CH_3 aromáticos), 2,81 -2,90 e 3,01 -3.08 (2H; 2 multipletos; aromáticos-CH:s parcialmente sobrepostos ao sistema anterior; CH_3 0- do éter metil-terbutílico), 3.70 e 3.72 (3H; 2s; 0-CH_3), 3.51 e 4.51 (1 H; 2 multipletos; Ar-C¾-CH-), 3.97-4.00, 4.38-4.41

, 4,51-4,54, 4,60-4,63 (2H, multipleto, Ar-CH?-N), 5,19-5,23 e 5,78 (1 H; 2 multipletos; CH-CH3), 6,81 -7,87 (1 1 H; sistema complexo; 3CH, 4CH, 6CH, 2'CH, 3'CH, 4'CH, 5'CH, 6'CH, 3 "CH, 5 "CH aromáticos e CH= imidazol). Com base na integração relativa dos sinais de RMN da eluxadolina e do éter metil-terbutílico nesta amostra, confirmamos a presença no cristal de 7,2% em peso de éter metil-terbutílico. *nota: integração relativa dos sinais do éter metilterbutílico DRX (pó) valores 2theta (intensidade relativa^{0} /)): 6.34 (100), 7.34 (18), 8.96 (24), 9.42 (26), 10.46 (25), 10.86 (29), 12.78 (48), 13.66 (64), 14.18 (47), 15.70 (51), 17.80 (88), 18.82 (53), 19.04 (55), 19.42 (46), 19.90 (38), 21.06 (59), 22.44 (61), 23.00 (75), 24.00 (60), 25.58 (34), 25.96 (33), 26.82 (35), 27.36 (39), 28,00 (48), 29.52 (36), 31.58 (42), 32.56 (38).

Exemplo-80: Dados de estabilidade da forma cristalina de Eluxadolina gama à compressão.

A forma cristalina gama da eluxadolina preparada de acordo com o Exemplo 78 foi prensada num disco a uma pressão de cerca de 20 Atm para obter um comprimido. O comprimido obtido foi examinado por espetroscopia DRX (pó), confirmando que o estado sólido se mantém inalterado: o espetro DRX é praticamente sobreponível aos registados no pó antes da compressão (Figura 52).

Breve descrição das figuras:

Figura-46	:	Mostra o espetro DRX da eluxadolina amorfa
Figura-47	:	Mostra o espetro de DRX da Eluxadolina forma cristalina gama medido numa amostra representativa

Figura-48	:	Mostra o espetro DRX da amostra representativa da forma cristalina de Eluxadolina delti
Figura-49	:	Mostra o espetro DRX da forma cristalina gama da eluxadolina medido numa amostra representativa antes e depois da compressão mecânica
Figura-50	:	Mostra o^{1} espetro de RMN de H da eluxadolina amorfa
Figura-51	:	Ilustrar o^{1} espetro de RMN de H da forma cristalina da eluxadolina registado numa amostra representativa
Figura-52	:	Mostra o espetro^{1} H NMR da forma cristalina delta da eluxadolina registado numa amostra representativa

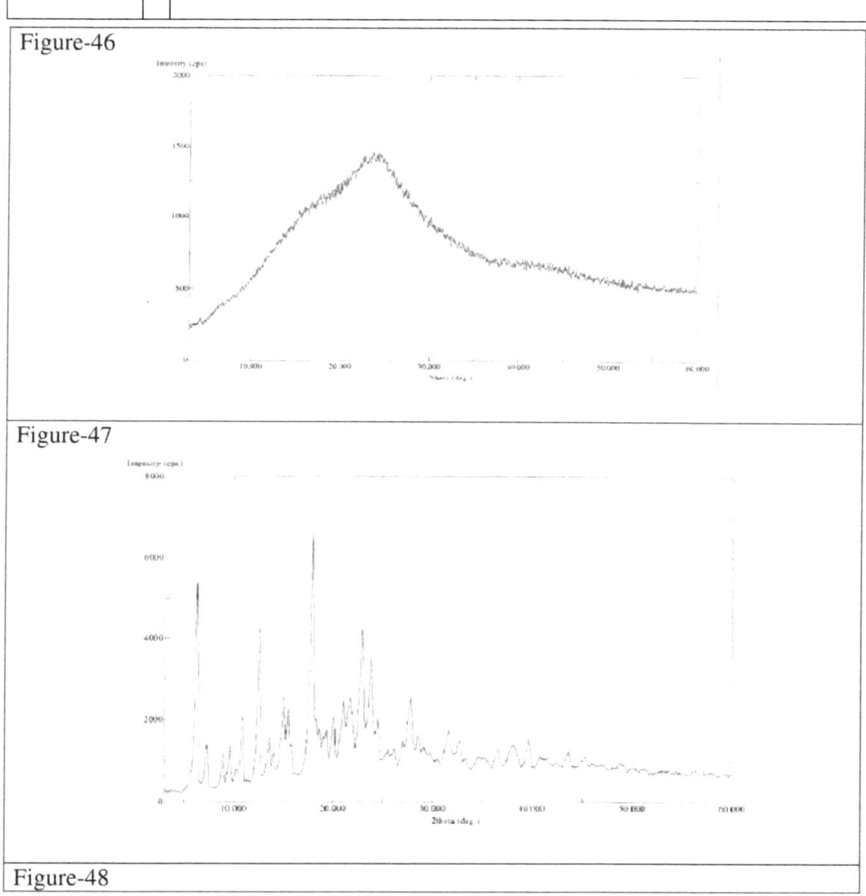

Figure-46

Figure-47

Figure-48

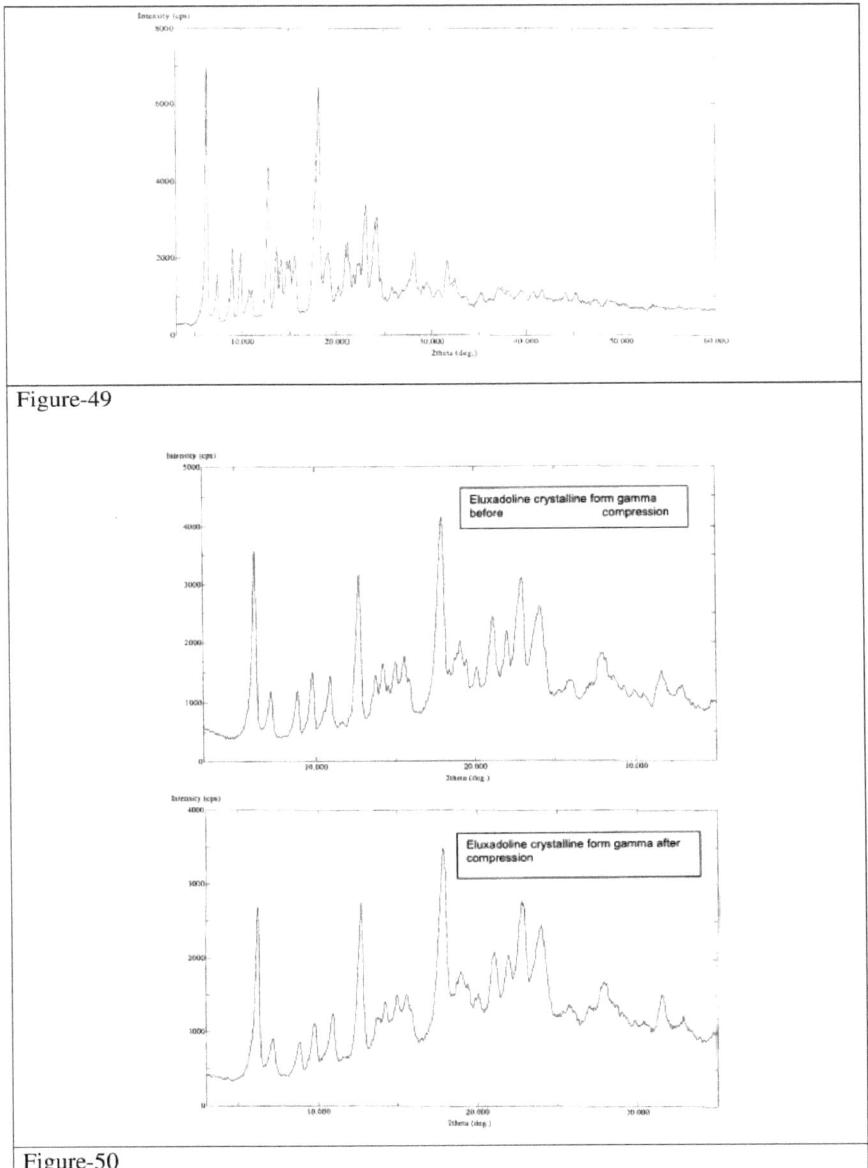

Figure-49

Figure-50

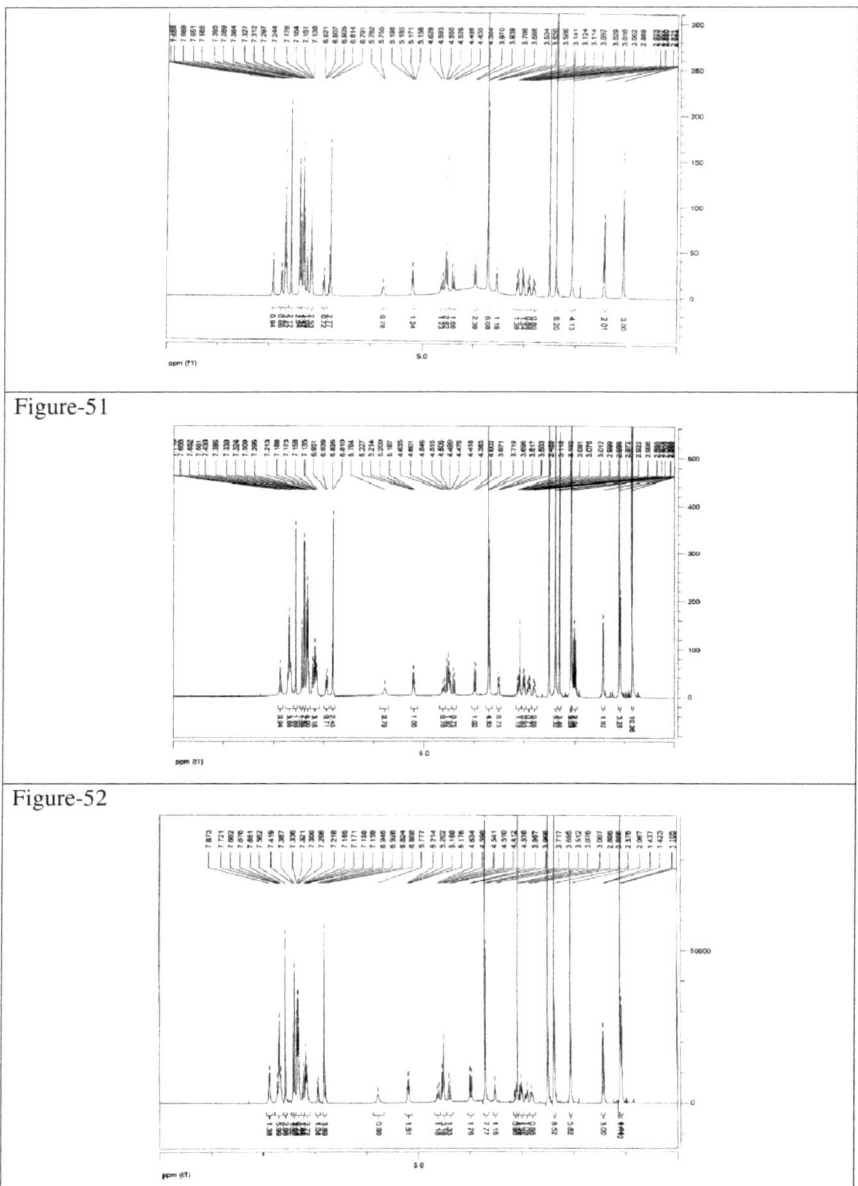

Figure-51

Figure-52

Artigos de revistas:

Sr. Não.	Jornal Detalhes	Título	Resumo
1	Por: Anónimo. Fonte: IP.Com Volume: 15 Edição: 11A Ano: 2015 Páginas: 1-3	Processo de preparação do ácido (S)-2-[[terc-butoxicarbonil]-amino]-3-[4-carbamoil-2,6-dimetilfenil]propiónico	O artigo divulga um processo para a preparação do ácido (S)-2-[[tert-butoxicarbonil] amino]-3-[4-carbamoil-2,6-dimetilfenil]propiónico
2	Por: Anónimo. Fonte: IP.Com Volume: 16 Edição: 2B Ano: 2016 Páginas: 1-5	Formas cristalinas do 5-metil-[[[(S)-2-amino-3-(4-carbamoil-2,6-dimetilfenil] -N-[(S)-1- [4-fenil-1 H-imidazol-2-il] etil]propanamido] metil] - 2-metoxibenzoato de metilo .2HCl	Formas cristalinas do 5-metil-[[[(S)-2-amino-3-(4-carbamoil-2,6-dimetilfenil]-N-[(S)-1- [4-fenil-1H-imidazol-2-il] etil] propanamido] metil] - 2-metoxibenzoato de metilo.2HCl
3	Por: Anónimo. Fonte: IP.Com Volume: 16 Edição: 4A Ano: 2016 Páginas: 1-3	Formas cristalinas do 5-metil-[[[(S)-2-amino-3-(4-carbamoil-2,6-dimetilfenil] -N-[(S)-1- [4-fenil-1 H-imidazol-2-il] etil]propanamido] metil] - 2-metoxibenzoato de metilo .2HCl	Formas cristalinas de metil-5-[[[(S)-2-amino-3-(4-carbamoil-2,6-dimetilfenil]-N-[(S)-1- [4-fenil-1H-imidazol-2-il] etil] propanamido] metil] - 2-metoxibenzoato.2HCl com a sua caraterização por XRPD.

Conclusão:

Neste livro, o autor relatou o processo de preparação da Eluxadolina e as suas formas polimórficas disponíveis. O autor estudou a(s) patente(s)/aplicação(ões) registada(s) sobre este assunto até à data. A literatura discutida será útil a vários investigadores para o desenvolvimento de um polimorfo de eluxadolina economicamente viável. Com base neste conceito, estão atualmente a ser desenvolvidas novas e melhoradas formas polimórficas de eluxadolina. Uma panorâmica geral da síntese da eluxadolina e breves pormenores dos seus polimorfos permitem que a investigação explore novas vias no domínio do polimorfismo.

Agradecimentos :

O autor gostaria de agradecer a todos os membros da sua família e amigos por o terem apoiado em todo o tipo de situações. Além disso, agradece também aos seus professores e, mais especificamente, ao seu mentor, por lhe ter dado orientação e apoio durante todo o tempo.

Referências:

1. Peery A.F., Dellon E.S., Burden of gastrointestinal disease in the United States (Peso da doença gastrointestinal nos Estados Unidos): Atualização de 2012. Gastroenterologia, 2012, 143:1179-1187

2. Hulisz D. The burden of illness of irritable bowel syndrome: current challenges and hope for the future. J. Manag Care Pharm, 2004, 10:299-309

3. Pare P., Gray J., Lam S. Health-related quality of life, work productivity, and health care resource utilization of subjects with irritable bowel syndrome: baseline results from LOGIC (Longitudinal Outcomes Study of Gastrointestinal Symptoms in Canada), a naturalistic study. Clin Ther, 2006, 28:1726-1735.

4. Lembo A.J., Lacy B.E., Zuckerman M.J., Eluxadoline for irritable bowel syndrome with diarrhea. N Engl J Med. 2016, 374:242-253.

5. Keating G. M. Eluxadoline: A Review in Diarrhoea-Predominant Irritable Bowel Syndrome. Drogas. 2017, 77 (9): 1009-1016. doi: 10.1007⁄s40265-017- 0756-7.

6. Levy-Cooperman N., McIntyre G., 2, Bonifacio L., McDonnell M., Davenport J. M., Covington P. S., Dove L. S., Sellers E. M. Abuse Potential and Pharmacodynamic Characteristics of Oral and Intranasal Eluxadoline, a Mixed μ- and κ-Opioid Recetor Agonist and δ-Opioid Recetor Antagonist. J Pharmacol Exp Ther. 2016, 359(3):471-481.

7. Wakako F., Ivone G., Lakshmi A. D. Heterómeros dos receptores opióides μ-δ: nova farmacologia e novas possibilidades terapêuticas. Br J Pharmacol. 2015, 172(2): 375-387.

8. Leonard S. D., Anthony L., David A., Michael D., Gail M., Paul S. C. Eluxadoline beneficia pacientes com síndrome do intestino irritável com diarreia num estudo de fase 2. 2013, 145(2):329-338.

9. https://www.accessdata.fda.gov/scripts/cder/ob/results_product.cfm?Appl_Type=N&Appl_No=206940

10. WO2005090315: Novos compostos como moduladores dos receptores opióides. Janssen Pharmaceutica, N. V. [BE]

11. WO2006099060: Processo para a preparação de moduladores de opiáceos. Janssen Pharmaceutica, N. V. [BE]

12. WO2009009480: Novos cristais e processo de fabrico de ácido 5-({[2-amino-3-(4-carbamoil-2,6-dimetil-fenil)-propionil]-[1-(4-fenil-1h-imidazol-2-il)-etil]-amino}-metil)-2-metoxi-benzoico. Janssen Pharmaceutica, N. V. [BE]

13. WO2016135756: Processo para a preparação de intermediários úteis na síntese de Eluxadoline. Actavis Group Ptc Ehf. [IS]

14. WO2017015606: Formas de eluxadolina no estado sólido. Teva Pharma [US]

15. CN106636241: Método de preparação do corpo médio da eluxadolina através de um método enzimático. Syncozymes (Shanghai) Co Ltd [CN].

16. WO2017114446: Nova forma cristalina de Eluxadoline e respetivo método de preparação. Crystal Pharmatech Co Ltd [CN]

17. WO2017153471: Novas formas cristalinas estáveis de solvato de eluxadolina. Euticals Spa [IT].

Printed by Books on Demand GmbH, Norderstedt / Germany